区间数序列的
数学模型预测技术

曾祥艳　何芳丽　著

北京交通大学出版社

·北京·

内 容 简 介

全书共 12 章，包括区间数序列预测研究概况、GM(1，1)与累积法、基于序列转换的 GM(1，1)、基于序列转换的新陈代谢 GM(0，N)、基于序列转换的 ARMA 模型、基于序列转换的支持向量机预测方法、基于整体发展系数的区间数 GM(1，1)、BIGM(1，1)和 TIGM(1，1)修正、基于整体发展系数的区间数多变量灰色模型、矩阵型 GM(1，1)、矩阵型多变量灰色模型、向量自回归和多元线性回归联合模型等。

本书适合作为高等学校理、工、经济、管理类各专业大学生和研究生教材，也可供管理干部、科研人员、工程技术人员、高校教师等参考。

图书在版编目（CIP）数据

区间数序列的数学模型预测技术/曾祥艳，何芳丽著 . —北京 ：北京交通大学出版社，2020. 8

ISBN 978-7-5121-4177-3

Ⅰ . ①区… Ⅱ . ①曾… ②何… Ⅲ . ①区间－序列－数学模型－预测技术 Ⅳ . ①O174. 1

中国版本图书馆 CIP 数据核字（2020）第 040475 号

区间数序列的数学模型预测技术
QUJIANSHU XULIE DE SHUXUE MOXING YUCE JISHU

责任编辑：黎　丹

出版发行：北京交通大学出版社　　　　电话：010 - 51686414　　http://www. bjtup. com. cn
　　　　　北京市海淀区高粱桥斜街 44 号　　邮编：100044

印 刷 者：艺堂印刷（天津）有限公司

经　　销：全国新华书店

开　　本：170 mm×240 mm　　印张：10　　字数：224 千字

版 印 次：2020 年 8 月第 1 版　　2020 年 8 月第 1 次印刷

印　　数：1~1 200 册　　定价：59.00 元

本书如有质量问题，请向北京交通大学出版社质监组反映。对您的意见和批评，我们表示欢迎和感谢。

投诉电话：010 - 51686043，51686008；传真：010 - 62225406；E-mail：press@ bjtu. edu. cn。

前　　言

许多具有时刻波动性的数据的年度、季度、月度甚至每一天的值都不适合只用一个精确数或总量、均值来表示，会丢失很多信息，而二元区间数包含了系统特征的变化范围，三元区间数还多了中间的一个偏好值，比精确数包含了更多的有用信息．本书将许多经典的时间序列预测模型的适用范围由精确数序列拓广到区间数序列，丰富了区间序列的预测方法．研究方法上以序列转换、整体发展系数或矩阵型参数设置为主要的建模思路，应用上强调方法在工程技术和经济管理中的应用背景和应用技术等．所列模型和预测方法具有很好的应用价值，可以广泛应用于工程技术、经济管理等领域。全书反映了作者及其团队多年来在区间数序列预测方面的研究积累，主要从四个研究方向给出了区间数序列的预测模型的建立方法。

（1）将区间数序列转换为含有等价信息的精确数序列，先基于经典时间序列预测模型对转换后的精确数序列进行预测，再还原得到区间数序列的预测值．这些经典时间序列预测模型包括：单变量灰色模型（GM(1, 1)）、多变量灰色模型（新陈代谢 GM(0, N)）、自回归移动平均（ARMA）模型、支持向量机（SVM）.

（2）序列转换方法没有在实质上改变上述经典模型的适用序列．为了在实质上使单变量灰色模型（GM(1, 1)）和多变量灰色模型（GM(0, N) 与 GM(1, N)）的适用序列改为区间数序列，我们改进这些模型的参数取值形式，引入整体发展系数，将其取为区间数的几个界点序列的发展系数的加权均值，反映区间数序列的整体发展趋势，再引入取为区间数的补偿系数．这种引入整体发展系数的方法可以使灰色模型能直接对区间数序列建模．

（3）整体发展系数忽略了区间数各个界点序列单独的发展趋势，对于振荡型区间数序列的预测效果不佳，我们在此基础上引入马尔可夫、人工神经网络、支持向量机等预测方法，对整体发展系数的预测结果进行修正．

（4）由向量自回归模型的启发，我们将二元区间数看作二维列向量，三元区间数看作三维列向量，将灰色模型、自回归模型、多元线性回归模型的各个系数设置为二阶或三阶矩阵型，提出了矩阵型 GM(1, 1)、矩阵型 GM(0, N)、矩阵型 GM(1, N)、矩阵型自回归和多元线性回归联合模型．此方法不仅使这些预测模型能直接对二元区间数序列和三元区间数序列建模，而且考虑了区间数各个界点的内在联系.

本书由曾祥艳总体策划、主要编写和统一定稿，其中曾祥艳执笔了第 1~11 章，何芳丽执笔了第 12 章. 此外，王旻燕和张鸣等学生也做了大量工作.

本书出版得到了国家自然科学基金（项目编号：71801060）、广西区自然科学基金项目（项目编号：2017GXNSFBA198182）的资助.

由于作者水平有限，书中难免存在不足之处，恳请读者批评指正！

著 者
2020 年 5 月

目　　录

第 1 章　区间数序列预测研究概况

现有的数据处理模型一般是基于精确数, 已不能满足现在大数据时代的实际需要, 宏观经济中收集的大量数据是非结构型数据, 更适合用区间数表示, 即使是结构型数据, 只用一个精确值或总量表示某系统特征在一段时期的观察值也丢失了很多有价值的信息. 比如, 电力负荷、石油价格、黄金价格、人民币汇率、股票价格等, 这些经济变量具有较强的波动性, 在短短一周内的取值都不适合只表示为一个精确数. 二元区间数包含了系统特征的变化区间, 三元区间数则多了一个偏好值信息, 含有的信息量更加全面, 更有利于实际决策分析.

定义 1.1 设 $\mathbf{R}$ 是实数集, x_{L}, x_{M}, $x_{\mathrm{U}} \in \mathbf{R}$ 且 $x_{\mathrm{L}} \leqslant x_{\mathrm{M}} \leqslant x_{\mathrm{U}}$, 则 $\tilde{x} = [x_{\mathrm{L}}, x_{\mathrm{M}}, x_{\mathrm{U}}]$ 称为三元区间数, 其中 x_{L} 是下界点或左界点, x_{M} 是偏好值或中界点, x_{U} 是上界点或右界点. 当 $x_{\mathrm{L}} = x_{\mathrm{M}}$ 或 $x_{\mathrm{M}} = x_{\mathrm{U}}$, 则 $\tilde{x}$ 成为一个二元区间数 $[x_{\mathrm{L}}, x_{\mathrm{U}}]$. 当 $x_{\mathrm{L}} = x_{\mathrm{M}} = x_{\mathrm{U}}$, 则 $\tilde{x}$ 成为一个实数.

由胡启洲对三元区间数的定义[1]知, 三元区间数来源于三角模糊数, 只是它的表示式比三角模糊数更清晰. 三角模糊数显示了系统特征值的上、中、下三界点的隶属度, 而三元区间数直接显示了系统特征值的上、中、下三界点. 两者的基本原理都是特征值取中界点的概率最大, 所以此中界点也称为偏好值, 并且特征值从此中界点分别向两边取值的概率逐渐变小.

例如, 电力负荷是按小时记录的, 某一区域 24 小时的电力负荷最小值和最大值可以分别作为三元区间数的上界点和下界点. 中界点或偏好值可以用统计理论中的直方图法来确定, 也可以将中点设置为一段时间的均值, 因为决策者往往偏好根据均值进行决策. 例如, 在图 1-1 中, 24 小时的最小值、平均值和最大值分别为 0.29、0.50 和 0.79. 因此, 可以用三元区间数 $\tilde{x} = [0.29, 0.50, 0.79]$ 记录这一天的电力负荷. 根据统计理论中的直方图法, 将区间 [0.2, 0.8) 平均分为三个小区间. 可以看到, 区间 [0.4, 0.6) 包含的数据最多, 所以中界点或偏好值也可以取为包含在该区间内的数据的均值, 即 0.48.

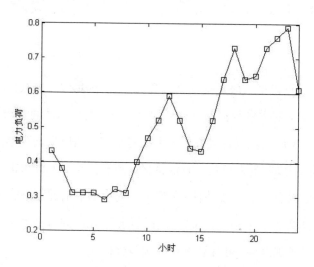

图 1-1　桂林某地区一天24小时的电力负荷值

1976 年, Montgomery 和 Johnson 提出区间预测[2]. 区间预测表示未来可能结果的范围, 比如, 每日的气温变化、汇率的起伏、石油价格的高低等. 传统时间序列预测都属于点预测, 对于随时波动的时间序列, 点预测已不能满足实际需要. Chatfield 和Christoffersen 指出区间预测比点预测更有利于决策, 更能全面评估未来的不确定性[3, 4].

目前, 已有很多基于精确数时间序列的区间预测方法, 一般建立在假设预测误差服从正态分布上, 如 Box-Jenkins 预测方法[5]、Holt-Winters 预测方法[6, 7]等. 然而, 2001 年, Chatfield 指出, 正态分布的假设经常不符合实际情况[8]. 另外, De 等还指出, 传统的区间预测还忽略了样本的变化对模型参数估计的影响[9]. 因此, 人们普遍认为, 假设预测误差服从正态分布的区间预测太狭窄, 对未来的不确定性估计不足[8, 10]. 1993 年, Efron 与 Tibshirani 提出了自展法[11], 适用于非正态的情况, 也考虑了样本对参数估计的影响. 显著的例子有 Thombs 等提出的基于自回归 (AR) 模型[12]和 Pascual等提出的基于自回归求和移动平均 (ARIMA) 模型[13]. 但是这些研究的蒙特卡洛 (Monte Carlo) 结果显示自展区间依然太狭窄. Chatfield 也以 Meade 等给出的例子[14]为例, 指出自展法并不是对所有的情况有效. 接着,

Clements、Kilian、Kim 对 AR 模型运用了偏修正自展法, 发现偏修正自展区间具有更加精确的覆盖范围, 也适用于当样本数较少时, 而这种少样本的情况在实际应用中经常遇到[15, 16, 17, 18]. 还有一些学者基于损失函数、统计的置信区间、满意度、误差分析等讨论了回归模型的预测区间[19, 20, 21, 22, 23]. 指数平滑法也已取得进展, 可以应用于区间预测. 较早的有 Holt-Winters 法, 同时, Taylor 与 Bunn 基于 Koenker 与 Bassett 提出的分位回归法进行区间预测[24, 25]. Hyndman 为指数平滑法提出了一种综合的统计框架建立空间立体模型, 从而实现了区间预测[26].

当前, 也出现了一些直接基于区间数时间序列的区间预测. Maia 等分别基于自回归模型、自回归求和移动平均模型、人工神经网络 (ANN) 给出了三种预测方法[27, 28]. Santiago 等则基于 ARMA-GARCH 模型实现了区间预测[29]. Xiong 等基于 FCRBFNNs (fully complex-valued radial basis function neural networks) 实现了区间预测[30]. 徐惠莉、张进等通过估计预测结果的平均区间误差、平均相对区间误差达到最小等原则实现了区间预测[31, 32].

基于统计理论和机器学习的时间序列预测模型, 如指数平滑模型、自回归模型、移动平均 (MA) 模型、自回归移动平均模型、广义自回归条件异方差 (GARCH) 模型、线性与非线性回归模型、人工神经网络、支持向量机 (SVM)等, 都需要大样本进行建模. 若样本量不够, 则影响模型参数的正确估计.

1965 年, 中国学者邓聚龙教授创立了灰色系统理论, 其研究对象为"部分信息已知, 部分信息未知"的"小样本""贫信息"的不确定性系统, 弥补了已有时间序列预测模型的不足[33, 34, 35, 36, 37]. 灰色模型 (GM) 是对已有数据经过累加生成, 挖掘其规律性后, 建立近似微分方程. $GM(n, h)$ 是由一个包含 h 个变量的 n 阶微分方程构成的模型. 常用的灰色模型有只对一个系统特征向量建模的单变量 $GM(1, 1)$、$GM(2, 1)$、灰色Verhulst模型以及考虑了系统特征的各种影响因素的多变量 $GM(0, N)$、$GM(1, N)$ 等, 其中应用最广泛的是预测模型 $GM(1, 1)$.

很多学者已经将灰色模型拓广到二元区间数序列预测. Yang 与 Liu 提出了基于核和灰度的灰数运算法则[38]. 曾波提出了基于核和灰度的区间灰数序列的 $GM(1, 1)$, 实现了 $GM(1, 1)$ 可对区间灰数序列进行预测的拓广, 同时还提出了基于核和面积、基于灰数带及灰数层、基于区间灰数几何特征的离散灰数序列的 GM(1,1)[39, 40, 41, 42, 43, 44, 45, 46]. 袁潮清与刘思峰等又提出了基于发展趋势和认知程度的区间灰数预测模型[47]. 孟伟、吴利丰等提出了区间灰数的标准化及预测模型的构建方法[48, 49]. 2013 年, 刘解放与刘思峰等又提出了基于核与灰半径的连续区间灰数序列的 GM(1, 1)[50]. Zeng和 Yang 提出了将区间序列转换为中点和面积序列再建立预测模型[51, 52]. 以上这些方法的基本思路是将一个区间序列转换成多个精确数序列, 先预测这些转换后的精确数, 再还原成区间值. 这些序列转换方法考虑了区间的整体性, 但是区间长度和面积序列没有显著的分布规律导致区间序列的上下界点的拟合优度主要依靠区间的中点序列的分布规律.

除了将区间序列转换为精确数序列的方法外, 一些学者也采用了直接对预测模型的参数形式进行改进, 使模型方程能直接对区间值建模. 比如, Zeng 将灰色模型的发展系数取为区间各个界点序列对应的发展系数的加权平均, 使模型能直接对区间序列建模[53]. 但是, 这种方法弱化了区间各个界点序列本身的发展趋势, 只强调区间序列的整体发展趋势, 所以对于振荡序列的预测精度不高. 为了提高对振荡区间序列的预测精度, 整体发展系数的灰色模型的预测结果可以采用马尔可夫等预测方法进行修正. Maia 提出了区间 Holt 指数平滑方法(HoltI)[28]. 这种方法将区间看做一个二维列向量, 将 Holt 指数平滑模型的平滑系数从实数改为矩阵, 然后直接对二维列向量即区间进行平滑处理. 这种将实数模型的参数改为矩阵的方法考虑了区间上下界点的内在关系, 是将区间的上下界点序列联合起来对其中一个界点序列进行预测, 使得模型的适应性和协调性变强, 从而取得了很好的区间的拟合和预测效果. Xiong 进一步将这种方法与多输出支持向量回归 (MSVR) 结合, 提出了组合预测方法 (HoltI-MSVR), 也取得了很好的效果[54].

目前, 很多学者将系统属性表示为三元区间数后做决策分析. 前面论述的对区间序列的预测研究可以拓广到三元区间数序列. 比如, 赖丽洁等将三元区间数序列转换为中点序列和左右半径序列后建立 ARIMA 模型[55]. Zeng 类似于文献 [53] 将单变量和多变量灰色模型的发展系数取为三元区间数各个界点序列对应的发展系数的加权均值, 使模型能直接对三元区间数序列建模[56, 57].

第 2 章　GM(1, 1) 与累积法

2.1　GM(1, 1) 的建模机理

GM(1, 1) 的含义是 1 阶 1 变量的灰模型, 这里给出它的建模机理. 设等间距非负序列为 $X = \{x^{(0)}(1), x^{(0)}(2), \cdots, x^{(0)}(n)\}$, 若 $x^{(0)}(t)$ 是 t 的连续函数, 则可按下式构造其一次累加生成数据:

$$x^{(1)}(t) = \int_0^t x^{(0)}(k)\mathrm{d}k.$$

对于离散数据, 上式定积分的计算只能采用近似计算方法, 下面采用矩形法得一次累加生成序列 (AGO) 为:

$$x^{(1)}(i) = \sum_{j=1}^i x^{(0)}(j).$$

累加生成是使灰色过程由灰变白的一种方法, 通过累加可以得到灰量积累过程的发展态势, 使离乱的原始数据中蕴含的积分特性充分显露出来. 一般的非负准光滑序列经过累加生成后, 都会减少随机性, 呈现出近似的指数增长规律, 原始序列越光滑, 累加生成后指数规律越明显. 据此, 邓聚龙提出根据一次累加生成序列建立如下形式的微分方程, 即 GM(1, 1) 的白化微分方程:

$$\frac{\mathrm{d}x^{(1)}(t)}{\mathrm{d}t} + ax^{(1)}(t) = b. \tag{2-1}$$

将其在区间 $[i,\ i+1]$ 上积分, 则有

$$\int_i^{i+1} \mathrm{d}x^{(1)}(t) + a \int_i^{i+1} x^{(1)}(t)\mathrm{d}t = b \int_i^{i+1} \mathrm{d}t, \tag{2-2}$$

其中

$$\int_i^{i+1} \mathrm{d}x^{(1)}(t) = x^{(1)}(i+1) - x^{(1)}(i) = x^{(0)}(i+1). \tag{2-3}$$

令 $x^{(1)}(t)$ 在区间 $[i,\,i+1]$ 上的背景值为 $z^{(1)}(i+1)$, 一般取均值形式, 即

$$z^{(1)}(i+1) = 0.5[x^{(1)}(i) + x^{(1)}(i+1)],$$

则有

$$a\int_i^{i+1} x^{(1)}(t)\mathrm{d}t = a\int_i^{i+1} z^{(1)}(i+1)\mathrm{d}t = az^{(1)}(i+1). \tag{2-4}$$

将式 (2-3)、式 (2-4) 代入式 (2-2), 则得到 GM(1, 1) 的白化微分方程式 (2-1) 的离散化方程, 并称为 GM(1, 1) 的定义型方程:

$$x^{(0)}(i+1) + az^{(1)}(i+1) = b,\quad i = 1,\,2,\,\cdots,\,n-1. \tag{2-5}$$

基于最小二乘法得到 GM(1, 1) 的参数估计为:

$$\begin{bmatrix} a \\ b \end{bmatrix} = (\boldsymbol{X}^{\mathrm{T}}\boldsymbol{X})^{-1}\boldsymbol{X}^{\mathrm{T}}\boldsymbol{Y},$$

其中

$$\boldsymbol{X} = \begin{bmatrix} z^{(1)}(2) & -1 \\ z^{(1)}(3) & -1 \\ \vdots & \vdots \\ z^{(1)}(n) & -1 \end{bmatrix},\quad \boldsymbol{Y} = \begin{bmatrix} -x^{(0)}(2) \\ -x^{(0)}(3) \\ \vdots \\ -x^{(0)}(n) \end{bmatrix}.$$

传统 GM(1, 1) 的预测值 $\hat{x}^{(0)}(i)$ 的计算公式, 也称为白化响应式, 为:

$$\begin{aligned} \hat{x}^{(1)}(i) &= [x^{(0)}(1) - b/a]\mathrm{e}^{-a(i-1)} + b/a, \\ \hat{x}^{(0)}(i) &= \hat{x}^{(1)}(i) - \hat{x}^{(1)}(i-1) = (1 - \mathrm{e}^a)[x^{(0)}(1) - b/a]\mathrm{e}^{-a(i-1)}. \end{aligned} \tag{2-6}$$

此白化响应式是 GM(1, 1) 的白化微分方程 (2-1) 在初始条件 $x^{(0)}(1)$ 下的解.

定义型方程 (2-5) 中, 参数 a 称为发展系数, 它的大小及正负性可以反映原始序列的发展态势. 参数 b 称为灰作用量, 是具有对系统的灰信息覆盖的作用量. 邓聚龙深入研究了 GM(1, 1) 参数的界区, 有下列结论:

定理 2.1 对于 GM(1, 1) 的发展系数 a 有:

(1) 禁区为 $(-\infty,\,-2] \cup [2,\,+\infty)$;

(2) 可容区为 $(-2,\,2)$.

因为当 $a = 2$ 时, 可推得所有预测值为 0, 当 $a = -2$ 时, 可推得所有预测值趋于无穷, 而当 $a > 2$ 与 $a < -2$ 时, 预测值时正时负, 模型失去意义. 邓聚龙还进一步由原始序列的级比, 判断 GM(1, 1) 的建模可行性.

定义 2.1 令原始序列为 $X = \{x^{(0)}(1), x^{(0)}(2), \cdots, x^{(0)}(n)\}$, 称 $\sigma^{(0)}(i)$ 为原始序列的级比:

$$\sigma^{(0)}(i) = \frac{x^{(0)}(i-1)}{x^{(0)}(i)}, \quad i \geqslant 3.$$

定理 2.2 GM(1, 1) 的发展系数的界区为: $a \in (-\frac{2}{n+1}, \frac{2}{n+1})$; 原始序列级比的界区为: $\sigma^{(0)}(i) \in (e^{-2/(n+1)}, e^{2/(n+1)})$, 其中 n 为原始建模数据的个数.

从 GM(1, 1) 的建模机理和预测公式可知模型预测曲线是指数型曲线, 能反映序列的整体发展趋势, 但是不能反映波动性. 定理 2.2 是 GM(1, 1) 的建模条件, 若不满足此定理, 则序列波动性较大, 不适合用 GM(1, 1).

2.2　累　积　法

传统 GM(1, 1) 的参数估计方法是最小二乘法. 随着应用的发展, 郑照宁等发现运用最小二乘法进行参数估计时, 正规方程会出现病态性, 从而使参数估计失效[58]. 特别是当建模数据较少且存在异常点时, 病态性更显著, 而这种情况对于应用于少样本预测的 GM(1, 1) 并不少见. 所以, 为了提高模型的稳健性, 出现了很多参数估计改进方法, 包括全最小二乘法、加权最小二乘法、普通最小一乘法、折扣最小一乘法、全最小一乘法等. 这些方法虽然提高了模型的稳健性, 但都是基于拟合误差的假设, 最小二乘法基于误差平方和最小, 最小一乘法基于误差绝对值之和最小. 这种对误差的假设会造成预测模型的结构参数与估值之间的偏离或不一致以及平均误差较大等问题. 累积法 (AM) 则不需对拟合误差进行假设, 而是直接通过对样本数据的累加进行参数估计. 但是由于累积和计算繁杂, 所以没有得到广泛应用. 1999 年, 曹定爱与张顺明推得累积和的计算通式, 才使累积法在经济计量和工程技术模型结构参数的估算中得到了广泛应用[59]. 作者将累积法引入 GM(1, 1),

分析得出累积法 GM(1, 1) 的病态性小于最小二乘法 GM(1, 1), 并且可以通过对原始数据做数乘变换完全解决[60]. 下面先给出累积法的基本原理, 再给出其性质和几何意义.

2.2.1 累积和的定义及计算通式

设原始序列为:

$$X = \{x(1), x(2), \cdots, x(n)\},$$

原始序列的各阶累积和 $(\sum\limits_{i=1}^{n}{}^{(r)}x(i), r = 1, 2, \cdots)$ 的定义和计算通式如下.

一阶累积和:

$$\begin{aligned}
\sum_{i=1}^{n}{}^{(1)}x(i) &= x(1) + x(2) + \cdots + x(n) = \sum_{i=1}^{n} x(i) \\
&= \sum_{i=1}^{n} C_{n-i+0}^{0} x(i).
\end{aligned}$$

二阶累积和:

$$\begin{aligned}
\sum_{i=1}^{n}{}^{(2)}x(i) &= \sum_{i=1}^{n}\sum_{j=1}^{i}{}^{(1)}x(j) = \sum_{i=1}^{n}\sum_{j=1}^{i} C_{i-j+0}^{0} x(j) \\
&= x(1) + [x(1) + x(2)] + \cdots + [x(1) + x(2) + \cdots + x(n)] \\
&= nx(1) + (n-1)x(2) + \cdots + x(n) \\
&= \sum_{i=1}^{n} C_{n-i+1}^{1} x(i).
\end{aligned}$$

以此类推, r 阶累积和的计算通式为:

$$\sum_{i=1}^{n}{}^{(r)}x(i) = \sum_{i=1}^{n}\sum_{j=1}^{i}{}^{(r-1)}x(j) = \sum_{i=1}^{n} C_{n-i+r-1}^{r-1} x(i). \tag{2-7}$$

$\sum\limits_{i=1}^{n}{}^{(r)}1$ 称为基本累积和, 并可简记为 $\sum\limits_{i=1}^{n}{}^{(r)}$, 其计算通式为:

$$\sum_{i=1}^{n}{}^{(r)} = \sum_{i=1}^{n}\sum_{j=1}^{i}{}^{(r-1)} = \sum_{i=1}^{n} C_{n-i+r-1}^{r-1}, \quad r = 1, 2, \cdots \tag{2-8}$$

2.2.2　基于累积法的参数估计过程

设 n 组观察数据为 $\{(x_1(t_i), x_2(t_i), \cdots, x_m(t_i); y(t_i)) : i = 1, 2, \cdots, n\}$, 设因变量与自变量的关系为下列线性方程:

$$y(t_i) = \beta_0 + \beta_1 x_1(t_i) + \beta_2 x_2(t_i) + \cdots + \beta_m x_m(t_i) + \varepsilon(t_i), \tag{2-9}$$

其中, $\varepsilon(t_i)$ 为均值为 0 的随机干扰项. 要由 n 组观察数据估计方程的未知参数, 对方程两边作 1 至 r 阶累积和, 即

$$
\begin{aligned}
&\sum_{i=1}^{n} {}^{(1)}y(t_i) = \beta_0 \sum_{i=1}^{n} {}^{(1)} + \beta_1 \sum_{i=1}^{n} {}^{(1)}x_1(t_i) + \cdots + \beta_m \sum_{i=1}^{n} {}^{(1)}x_m(t_i) + \varepsilon_1, \\
&\sum_{i=1}^{n} {}^{(2)}y(t_i) = \beta_0 \sum_{i=1}^{n} {}^{(2)} + \beta_1 \sum_{i=1}^{n} {}^{(2)}x_1(t_i) + \cdots + \beta_m \sum_{i=1}^{n} {}^{(2)}x_m(t_i) + \varepsilon_2, \\
&\qquad\vdots \\
&\sum_{i=1}^{n} {}^{(r)}y(t_i) = \beta_0 \sum_{i=1}^{n} {}^{(r)} + \beta_1 \sum_{i=1}^{n} {}^{(r)}x_1(t_i) + \cdots + \beta_m \sum_{i=1}^{n} {}^{(r)}x_m(t_i) + \varepsilon_r.
\end{aligned}
\tag{2-10}
$$

因为方程 (2-9) 有 $m+1$ 个待定参数, 所以最高阶累积和的阶数 $r \geqslant m+1$. 下面定义

$$
\boldsymbol{X} = \begin{bmatrix}
\sum\limits_{i=1}^{n} {}^{(1)} & \sum\limits_{i=1}^{n} {}^{(1)}x_1(t_i) & \cdots & \sum\limits_{i=1}^{n} {}^{(1)}x_m(t_i) \\
\sum\limits_{i=1}^{n} {}^{(2)} & \sum\limits_{i=1}^{n} {}^{(2)}x_1(t_i) & \cdots & \sum\limits_{i=1}^{n} {}^{(2)}x_m(t_i) \\
\vdots & \vdots & & \vdots \\
\sum\limits_{i=1}^{n} {}^{(r)} & \sum\limits_{i=1}^{n} {}^{(r)}x_1(t_i) & \cdots & \sum\limits_{i=1}^{n} {}^{(r)}x_m(t_i)
\end{bmatrix},
$$

$$
\boldsymbol{Y} = \begin{bmatrix}
\sum\limits_{i=1}^{n} {}^{(1)}y(t_i) \\
\sum\limits_{i=1}^{n} {}^{(2)}y(t_i) \\
\vdots \\
\sum\limits_{i=1}^{n} {}^{(r)}y(t_i)
\end{bmatrix}, \quad
\boldsymbol{\beta} = \begin{bmatrix}
\beta_0 \\
\beta_1 \\
\vdots \\
\beta_m
\end{bmatrix}, \quad
\boldsymbol{\varepsilon} = \begin{bmatrix}
\varepsilon_1 \\
\varepsilon_2 \\
\vdots \\
\varepsilon_r
\end{bmatrix}.
$$

则式 (2-10) 的矩阵形式为:

$$\boldsymbol{Y} = \boldsymbol{X\beta} + \boldsymbol{\varepsilon}, \tag{2-11}$$

其中, $\boldsymbol{\varepsilon}$ 满足 $E(\boldsymbol{\varepsilon}) = \boldsymbol{0}$, $\mathrm{cov}(\boldsymbol{\varepsilon}, \boldsymbol{\varepsilon}) = \sigma^2 \boldsymbol{I}$, 其中, σ^2 为未知参数. 对参数的估计有以下两种情况:

(1) 设存在 $r \geqslant m+1$, 使矩阵 $\boldsymbol{X}$ 的秩为 $m+1$. 则当 $r = m+1$时, $\boldsymbol{X}$ 是非奇异阵, 则对参数的估计为

$$\hat{\boldsymbol{\beta}} = \boldsymbol{X}^{-1}\boldsymbol{Y}. \tag{2-12}$$

当 $r > m+1$时, $\boldsymbol{X}^{\mathrm{T}}\boldsymbol{X}$ 是非奇异阵, 则参数估计为

$$\hat{\boldsymbol{\beta}} = (\boldsymbol{X}^{\mathrm{T}}\boldsymbol{X})^{-1}\boldsymbol{X}^{\mathrm{T}}\boldsymbol{Y}. \tag{2-13}$$

(2)若矩阵 $\boldsymbol{X}$ 的秩小于 $m+1$, 则参数估计不能确定. 这种情况下, 合理的修正方法是对观察数据稍作扰动, 使矩阵 $\boldsymbol{X}$ 的秩为$m+1$.

在实际应用中, 通常取 $r = m+1$. 当 $\boldsymbol{X}$ 为奇异阵时, 对观察数据稍作扰动, 使 $\boldsymbol{X}^{-1}$存在, 则通常采用的参数估计式为式 (2-12).

2.2.3 累积法的性质分析

性质 2.1 $\hat{\boldsymbol{\beta}}$ 是 $\boldsymbol{\beta}$ 的无偏估计.

证明 $E(\hat{\boldsymbol{\beta}}) = E(\boldsymbol{X}^{-1}\boldsymbol{Y}) = \boldsymbol{X}^{-1}E(\boldsymbol{Y}) = \boldsymbol{X}^{-1}\boldsymbol{X}\boldsymbol{\beta} = \boldsymbol{\beta}.$

性质 2.2 $\hat{\boldsymbol{\beta}}$的协方差矩阵为 $\mathrm{cov}(\hat{\boldsymbol{\beta}}, \hat{\boldsymbol{\beta}}) = \sigma^2(\boldsymbol{X}^{\mathrm{T}}\boldsymbol{X})^{-1}.$

证明 $\mathrm{cov}(\hat{\boldsymbol{\beta}}, \hat{\boldsymbol{\beta}}) = \mathrm{cov}(\boldsymbol{X}^{-1}\boldsymbol{Y}, \boldsymbol{X}^{-1}\boldsymbol{Y}) = \boldsymbol{X}^{-1}\mathrm{cov}(\boldsymbol{Y}, \boldsymbol{Y})(\boldsymbol{X}^{-1})^{\mathrm{T}}$

$$= \boldsymbol{X}^{-1}\sigma^2\boldsymbol{I}(\boldsymbol{X}^{-1})^{\mathrm{T}} = \sigma^2(\boldsymbol{X}^{\mathrm{T}}\boldsymbol{X})^{-1}.$$

性质 2.3 $\hat{\boldsymbol{\beta}}$ 是 $\boldsymbol{\beta}$ 的线性无偏最小方差估计.

证明 设 $\tilde{\boldsymbol{\beta}}$ 是 $\boldsymbol{\beta}$ 的任一线性无偏估计, 则 $\tilde{\boldsymbol{\beta}}$ 可以表示为 $\tilde{\boldsymbol{\beta}} = \boldsymbol{C}\boldsymbol{Y}$, 并满足

$$E(\tilde{\boldsymbol{\beta}}) = E(\boldsymbol{C}\boldsymbol{Y}) = \boldsymbol{C}E(\boldsymbol{Y}) = \boldsymbol{C}\boldsymbol{X}\boldsymbol{\beta} = \boldsymbol{\beta}.$$

则得 $\boldsymbol{C}\boldsymbol{X} = \boldsymbol{I}$. 又

$$\mathrm{cov}(\tilde{\boldsymbol{\beta}}, \tilde{\boldsymbol{\beta}}) = \mathrm{cov}(\boldsymbol{C}\boldsymbol{Y}, \boldsymbol{C}\boldsymbol{Y}) = \boldsymbol{C}\mathrm{cov}(\boldsymbol{Y}, \boldsymbol{Y})\boldsymbol{C}^{\mathrm{T}} = \boldsymbol{C}\sigma^2\boldsymbol{I}\boldsymbol{C}^{\mathrm{T}} = \sigma^2\boldsymbol{C}\boldsymbol{C}^{\mathrm{T}}.$$

因为

$$0 \leqslant [\boldsymbol{C} - (\boldsymbol{X}^{\mathrm{T}}\boldsymbol{X})^{-1}\boldsymbol{X}^{\mathrm{T}}][\boldsymbol{C} - (\boldsymbol{X}^{\mathrm{T}}\boldsymbol{X})^{-1}\boldsymbol{X}^{\mathrm{T}}]^{\mathrm{T}}$$

$$= \boldsymbol{C}\boldsymbol{C}^{\mathrm{T}} + (\boldsymbol{X}^{\mathrm{T}}\boldsymbol{X})^{-1} - (\boldsymbol{X}^{\mathrm{T}}\boldsymbol{X})^{-1}\boldsymbol{X}^{\mathrm{T}}\boldsymbol{C}^{\mathrm{T}} - \boldsymbol{C}\boldsymbol{X}(\boldsymbol{X}^{\mathrm{T}}\boldsymbol{X})^{-1}$$

$$= \boldsymbol{C}\boldsymbol{C}^{\mathrm{T}} + (\boldsymbol{X}^{\mathrm{T}}\boldsymbol{X})^{-1} - (\boldsymbol{X}^{\mathrm{T}}\boldsymbol{X})^{-1} - (\boldsymbol{X}^{\mathrm{T}}\boldsymbol{X})^{-1}$$

$$= \boldsymbol{C}\boldsymbol{C}^{\mathrm{T}} - (\boldsymbol{X}^{\mathrm{T}}\boldsymbol{X})^{-1},$$

则有 $\boldsymbol{C}\boldsymbol{C}^{\mathrm{T}} \geqslant (\boldsymbol{X}^{\mathrm{T}}\boldsymbol{X})^{-1}$, 所以有 $\sigma^2\boldsymbol{C}\boldsymbol{C}^{\mathrm{T}} \geqslant \sigma^2(\boldsymbol{X}^{\mathrm{T}}\boldsymbol{X})^{-1}$. 这样, 再由性质 2.2 得到 $\hat{\beta}$ 是 β 的线性无偏最小方差估计.

2.2.4　累积法的几何意义

设序列 $X = \{x(1), x(2), \cdots, x(n)\}$ 中的每个数据表示数轴上一点, 则由物理的重心理论有以下结论.

(1) 一个点的重心即该点本身: $x = x(1)$;

(2) 两个点的重心为: $x = \dfrac{x(1) + x(2)}{2}$;

(3) 三个点的重心即把两点的重心与第三点的连线段分为 $1 : 2$ 的一点:

$$x = \frac{\dfrac{x(1) + x(2)}{2} \times 2 + x(3)}{3} = \frac{x(1) + x(2) + x(3)}{3}.$$

以此类推, 序列 $X = \{x(1), x(2), \cdots, x(n)\}$ 中 n 个点的重心即为把其中 $(n-1)$ 个点的重心与第 n 个点的连线段分为 $1 : (n-1)$ 的一点, 即:

$$x = \frac{x(1) + x(2) + \cdots + x(n)}{n} = \frac{\sum\limits_{i=1}^{n} x(i)}{n}. \tag{2-14}$$

由前面累积和的定义: $\sum\limits_{i=1}^{n} x(i) = \sum\limits_{i=1}^{n} {}^{(1)}x(i)$, $n = \sum\limits_{i=1}^{n} {}^{(1)}$, 得式 (2-14) 为

$$\frac{\sum\limits_{i=1}^{n} x(i)}{n} = \frac{\sum\limits_{i=1}^{n} {}^{(1)}x(i)}{\sum\limits_{i=1}^{n} {}^{(1)}},$$

并称其为一阶重心算子.

一般地, $(m+n)$ 个数据的重心, 即为把其中 m 个数据的重心与其余 n 个数据的重心的连线段分成 $n : m$ 的一点, 由此可知下列数据组:

$$x(1), \; \frac{x(1) + x(2)}{2}, \; \frac{x(1) + x(2) + x(3)}{3}, \; \cdots, \; \frac{\sum\limits_{i=1}^{n} x(i)}{n},$$

的重心坐标为

$$x = \frac{x(1) + (x(1) + x(2)) + \cdots + \sum\limits_{i=1}^{n} x(i)}{1 + 2 + \cdots + n}. \tag{2-15}$$

同样, 由前面各阶累积和的定义得:式 (2-15) 即为 $\dfrac{\sum\limits_{i=1}^{n}{}^{(2)}x(i)}{\sum\limits_{i=1}^{n}{}^{(2)}}$, 并称其为二阶重心算子. 以此类推, 称 $\dfrac{\sum\limits_{i=1}^{n}{}^{(r)}x(i)}{\sum\limits_{i=1}^{n}{}^{(r)}}$ 为 r 阶重心算子.

由以上分析, 累积法的正规方程 (2-10), 即是对模型方程 (2-9) 两边分别施行 $1, 2, \cdots, r$ 阶重心算子所得. 所以, 累积法的几何意义是找到基于样本点的一条重心线, 从而可以使拟合值的误差和趋于 0, 以及绝对误差和趋于最小.

第 3 章 基于序列转换的 GM(1, 1)

3.1 区间数序列的转换

3.1.1 二元区间数序列

设二元区间数序列为 $X = \{\tilde{x}(1), \tilde{x}(2), \cdots, \tilde{x}(n)\}$, 其中, $\tilde{x}(i) = [x_{\mathrm{L}}(i), x_{\mathrm{U}}(i)]$, $i = 1, 2, \cdots, n$, $x_{\mathrm{L}}(i)$ 和 $x_{\mathrm{U}}(i)$ 分别是下、上界点, 计算中点值和区间的长度分别为:

$$m(i) = \frac{x_{\mathrm{L}}(i) + x_{\mathrm{U}}(i)}{2}, \tag{3-1}$$

$$l(i) = x_{\mathrm{U}}(i) - x_{\mathrm{L}}(i). \tag{3-2}$$

设二元区间数序列 X 的中点和区间长度序列分别为:

$$M = \{m(1), m(2), \cdots, m(n)\}, \quad L = \{l(1), l(2), \cdots, l(n)\}.$$

这样将二元区间数序列转换成两个精确数序列:

$$X = \{\tilde{x}(1), \tilde{x}(2), \cdots, \tilde{x}(n)\} \Leftrightarrow \begin{cases} M = \{m(1), m(2), \cdots, m(n)\}, \\ L = \{l(1), l(2), \cdots, l(n)\} \end{cases}.$$

二元区间数的还原过程为:

$$x_{\mathrm{L}}(i) = m(i) - \frac{l(i)}{2}, \quad x_{\mathrm{U}}(i) = m(i) + \frac{l(i)}{2}. \tag{3-3}$$

显然, $x_{\mathrm{L}}(i) \leqslant x_{\mathrm{U}}(i)$, 使预测能保证二元区间数的上、下界点的相对位置.

3.1.2 三元区间数序列

设三元区间数序列为 $X = \{\tilde{x}(1), \tilde{x}(2), \cdots, \tilde{x}(n)\}$, 其中, $\tilde{x}(i) = [x_{\mathrm{L}}(i), x_{\mathrm{M}}(i), x_{\mathrm{U}}(i)]$, $i = 1, 2, \cdots, n$, $x_{\mathrm{L}}(i)$、$x_{\mathrm{M}}(i)$、$x_{\mathrm{U}}(i)$ 分别为三元区间数的下、中、上界点.

类似于物理概念, 三元区间数的重心或均值为:

$$f(i) = \frac{x_{\mathrm{L}}(i) + x_{\mathrm{M}}(i) + x_{\mathrm{U}}(i)}{3}. \tag{3-4}$$

三个界点之间的距离分别为:

$$p(i) = x_{\mathrm{M}}(i) - x_{\mathrm{L}}(i), \quad q(i) = x_{\mathrm{U}}(i) - x_{\mathrm{M}}(i). \tag{3-5}$$

设三元区间数序列的重心序列和左、右区间长度序列分别为:

$$F = \{f(1), f(2), \cdots, f(n)\}, \ P = \{p(1), p(2), \cdots, p(n)\}, \ Q = \{q(1), q(2), \cdots, q(n)\}.$$

将三元区间数序列转换为三个精确数序列:

$$X = \{\tilde{x}(1), \tilde{x}(2), \cdots, \tilde{x}(n)\} \Leftrightarrow \begin{cases} F = \{f(1), f(2), \cdots, f(n)\}, \\ P = \{p(1), p(2), \cdots, p(n)\}, \\ Q = \{q(1), q(2), \cdots, q(n)\}. \end{cases}$$

还原过程为:

$$x_{\mathrm{L}}(i) = f(i) - \frac{2p(i)}{3} - \frac{q(i)}{3}, \quad x_{\mathrm{M}}(i) = f(i) + \frac{p(i)}{3} - \frac{q(i)}{3},$$
$$x_{\mathrm{U}}(i) = f(i) + \frac{p(i)}{3} + \frac{2q(i)}{3}. \tag{3-6}$$

显然, 还原过程保证了三元区间数的下、中、上界点的相对位置: $x_{\mathrm{L}}(i) \leqslant x_{\mathrm{M}}(i) \leqslant x_{\mathrm{U}}(i)$.

由式 (3-1) 至式 (3-5) 可以看出, 转换后的序列实际上是区间数序列的各界点的加权平均, 这样既能保持区间数的完整性, 还能减弱界点的跳跃度, 使转换后的序列更加平滑, 从而提高预测精度.

3.2 累积法 GM(1, 1)

3.2.1 建模原理

原始区间序列转换成精确数序列后, 对这些精确数序列建立累积法 GM(1, 1),

再根据还原公式, 得出区间数序列的预测值. 这里只以中点序列 M 为例, 给出累积法 GM(1, 1) 的建模过程.

M 序列的累积法 GM(1, 1) 的定义型方程为:

$$m(i) + a_{\mathrm{M}} z^{(1)}(i) = b_{\mathrm{M}}, \quad i = 1, 2, \cdots, n, \tag{3-7}$$

其中, a_{M} 为发展系数, b_{M} 为灰作用量.

$$z^{(1)}(i) = 0.5[m^{(1)}(i) + m^{(1)}(i-1)], \quad i = 2, 3, \cdots, n, \tag{3-8}$$

$$m^{(1)}(i) = m(1) + m(2) + \cdots + m(i) = \sum_{j=1}^{i} m(j), \quad i = 1, 2, \cdots, n. \tag{3-9}$$

下面运用累积法对模型 (3-7) 进行参数估计, 首先对式 (3-7) 两边作一阶、二阶累积和算子.

$$\sum_{i=2}^{n}{}^{(1)}m(i) + a_{\mathrm{M}} \sum_{i=2}^{n}{}^{(1)}z^{(1)}(i) = b_{\mathrm{M}} \sum_{i=2}^{n}{}^{(1)}, \tag{3-10}$$

$$\sum_{i=2}^{n}{}^{(2)}m(i) + a_{\mathrm{M}} \sum_{i=2}^{n}{}^{(2)}z^{(1)}(i) = b_{\mathrm{M}} \sum_{i=2}^{n}{}^{(2)}. \tag{3-11}$$

其中,

$$\sum_{i=2}^{n}{}^{(1)}z^{(1)}(i) = \sum_{i=2}^{n}z^{(1)}(i), \quad \sum_{i=2}^{n}{}^{(2)}z^{(1)}(i) = \sum_{i=2}^{n}\mathrm{C}_{n-i+1}^{1}z^{(1)}(i) = \sum_{i=2}^{n}(n-i+1)z^{(1)}(i),$$

$$\sum_{i=2}^{n}{}^{(1)}m(i) = \sum_{i=2}^{n}m(i), \quad \sum_{i=2}^{n}{}^{(2)}m(i) = \sum_{i=2}^{n}\mathrm{C}_{n-i+1}^{1}m(i) = \sum_{i=2}^{n}(n-i+1)m(i),$$

$$\sum_{i=2}^{n}{}^{(1)} = \mathrm{C}_n^1 - 1 = n - 1, \quad \sum_{i=2}^{n}{}^{(2)} = \mathrm{C}_{n+2-1}^2 - n = \frac{n(n+1)}{2} - n = \frac{n(n-1)}{2}.$$

令

$$\boldsymbol{X}_r = \left[\begin{array}{cc} \sum\limits_{i=2}^{n}{}^{(1)}z^{(1)}(i) & -\sum\limits_{i=2}^{n}{}^{(1)} \\ \sum\limits_{i=2}^{n}{}^{(2)}z^{(1)}(i) & -\sum\limits_{i=2}^{n}{}^{(2)} \end{array} \right], \quad \boldsymbol{Y}_r = \left[\begin{array}{c} -\sum\limits_{i=2}^{n}{}^{(1)}m(i) \\ -\sum\limits_{i=2}^{n}{}^{(2)}m(i) \end{array} \right], \quad \boldsymbol{a} = [a_{\mathrm{M}}, b_{\mathrm{M}}]^{\mathrm{T}},$$

则式 (3-10)、式 (3-11) 的矩阵形式为:

$$\boldsymbol{X}_r \boldsymbol{a} = \boldsymbol{Y}_r. \tag{3-12}$$

所以, 模型的参数估计为:

$$\boldsymbol{a} = (a_{\mathrm{M}}, b_{\mathrm{M}})^{\mathrm{T}} = \boldsymbol{X}_r^{-1} \boldsymbol{Y}_r. \tag{3-13}$$

定理 3.1 M 序列的累积法 GM(1, 1) 的内涵型预测公式为:

$$\hat{m}(i) = \frac{2(2 - a_{\mathrm{M}})^{i-2}(b_{\mathrm{M}} - a_{\mathrm{M}} m(1))}{(2 + a_{\mathrm{M}})^{i-1}}, \quad i = 2, 3, \cdots. \tag{3-14}$$

证明 由 $z^{(1)}(i) = 0.5[m^{(1)}(i) + m^{(1)}(i-1)]$, 代入 GM(1, 1) 的定义型方程 (3-7) 得

$$m(i) + \frac{a_{\mathrm{M}}}{2}[m^{(1)}(i) + m^{(1)}(i-1)] = b_{\mathrm{M}}.$$

再由 $m^{(1)}(i) = \sum_{j=1}^{i} m(j) = m^{(1)}(i-1) + m(i)$, 代入上式, 则得

$$m(i) + \frac{a_{\mathrm{M}}}{2}[m(i) + 2m^{(1)}(i-1)] = b_{\mathrm{M}},$$

则推导得

$$
\begin{aligned}
m(i) &= \frac{b_{\mathrm{M}} - a_{\mathrm{M}} m^{(1)}(i-1)}{1 + 0.5 a_{\mathrm{M}}} = \frac{b_{\mathrm{M}} - a_{\mathrm{M}}[m(i-1) + m^{(1)}(i-2)]}{1 + 0.5 a_{\mathrm{M}}} \\
&= \frac{b_{\mathrm{M}} - a_{\mathrm{M}} m^{(1)}(i-2)}{1 + 0.5 a_{\mathrm{M}}} - \frac{a_{\mathrm{M}} m(i-1)}{1 + 0.5 a_{\mathrm{M}}} = m(i-1) - \frac{a_{\mathrm{M}} m(i-1)}{1 + 0.5 a_{\mathrm{M}}} \\
&= \frac{2 - a_{\mathrm{M}}}{2 + a_{\mathrm{M}}} m(i-1) = \left(\frac{2 - a_{\mathrm{M}}}{2 + a_{\mathrm{M}}}\right)^{i-2} m(2) = \left(\frac{2 - a_{\mathrm{M}}}{2 + a_{\mathrm{M}}}\right)^{i-2} \frac{b_{\mathrm{M}} - a_{\mathrm{M}} m(1)}{1 + 0.5 a_{\mathrm{M}}} \\
&= \frac{2(2 - a_{\mathrm{M}})^{i-2}(b_{\mathrm{M}} - a_{\mathrm{M}} m(1))}{(2 + a_{\mathrm{M}})^{i-1}}, \quad i = 2, 3, \cdots.
\end{aligned}
$$

式 (3-14) 是一个递推式, 将 $\hat{m}(1) = m(1)$ 作为初始条件, 则此式即可作为预测公式来计算 $m(i)$ 的预测值 $\hat{m}(i)$.

下面给出基于序列转换的二元区间数序列的预测过程如下.

(1) 由式 (3-1)、式 (3-2), 将二元区间数序列 X 转换为中点序列 $M = \{m(1), m(2), \cdots, m(n)\}$ 和区间长度序列 $L = \{l(1), l(2), \cdots, l(n)\}$;

(2) 分别对 M 和 L 序列建立 AMGM(1, 1), 得到此两个精确数序列的预测值;

(3) 由还原公式 (3-3), 得到区间数序列的左右界点的预测值.

对三元区间数序列给出预测过程如下.

(1) 由式 (3-4)、式(3-5), 将三元区间数序列转换为重心和左、右区间长度序列:
$F = \{f(1), f(2), \cdots, f(n)\}$, $P = \{p(1), p(2), \cdots, p(n)\}$, $Q = \{q(1), q(2), \cdots, q(n)\}$;

(2) 分别对 F、P、Q 序列建立 AMGM(1, 1), 得到此三个精确数序列的预测值;

(3) 由还原公式 (3-6), 得到三元区间数序列 X 的下、中、上界点的预测值.

3.2.2　实例分析

例 3-1　文献 [61] 运用区间灰回归模型对台湾的 LCD TV 需求进行了预测. 现在运用本章提出的模型进行预测, 原始数据见表 3-1. 因为只有四年的数据, 所以不能运用一般的统计预测模型, 而 GM(1, 1) 只需要四个数据即可建模. 首先, 原始区间数序列转换的中点序列和区间长度序列分别为:

$$M = \{81, 150, 393, 870\}, \quad L = \{16, 40, 80, 160\}.$$

基于两个精确数序列分别建立累积法 GM(1, 1), 由累积法得到的参数估计分别为:

$$M: \quad a_{\mathrm{M}} = -0.7973, \quad b_{\mathrm{M}} = 34.4551.$$
$$L: \quad a_{\mathrm{L}} = -0.6667, \quad b_{\mathrm{L}} = 16.0000.$$

序列 M 和 L 的预测公式分别为:

$$\hat{m}(i) = \frac{2(2 + 0.7973)^{i-2}(34.4551 + 0.7973 \times 81)}{(2 - 0.7973)^{i-1}},$$
$$\hat{l}(i) = \frac{2(2 + 0.6667)^{i-2}(16 + 0.6667 \times 16)}{(2 - 0.6667)^{i-1}},$$
$$i = 2, 3, \cdots.$$

则序列 M 和 L 从 2001 年至 2004 年的拟合值和 2005 年的预测值分别为:

$$\hat{M} = \{81, 164.7017, 383.0906, 891.0560, 2072.5668\}, \quad \hat{L} = \{16, 40, 80, 160, 320\}.$$

基于序列 M 和 L, 也建立最小二乘法 GM(1, 1), 由最小二乘法得到的参数估计分别为:

$$M: a_{\mathrm{M}} = -0.7899, \ b_{\mathrm{M}} = 38.5140.$$
$$L: a_{\mathrm{L}} = -0.6667, \ b_{\mathrm{L}} = 16.0000.$$

由传统的预测公式, 即白化响应式, 得到序列 M 和 L 的白化响应式分别为:

$$\hat{m}(i) = (81 + \frac{38.5140}{0.7899})(e^{0.7899i} - e^{0.7899(i-1)}),$$

$$\hat{l}(i) = (16 + \frac{16}{0.6667})(e^{0.6667i} - e^{0.6667(i-1)}),$$

$$i = 2, 3, \cdots.$$

计算得序列 M 和 L 的从 2001 年至 2004 年的拟合值和 2005 年的预测值为:

$$\hat{M} = \{81,\ 156.1279,\ 343.9871,\ 757.8860,\ 1669.8044\},$$

$$\hat{L} = \{16, 37.9094, 73.8374, 143.8155, 280.1144\}.$$

由二元区间数序列的还原过程, 分别得到 AMGM(1, 1) 和 GM(1, 1) 的区间数序列的拟合与预测结果, 见表 3-1. 文献 [61] 运用区间灰回归模型 (IGRM) 的预测结果也在表中. 由表 3-1, AMGM(1, 1)、GM(1, 1) 和 IGRM 的拟合平均相对误差分别为: 4.99%、9.99%、8.37%, 它们的拟合精度都很高, 但是 AMGM(1, 1) 的精度最高. 文献 [61] 指出 LCD TV 的需求在 2005 年的第一、二季度已经达到 715 万台, 以严格递增率计算预示 2005 年的需求将多于前两个季度的两倍. 而且, 市场分析得 2005 年的需求会大于 2000 万台. 三个模型 (AMGM(1,1)、GM(1, 1) 和 IGRM) 在 2005 年的预测区间依次为: [1912.57, 2232.57]、[1529.75, 1809.86]、[1881.26, 2129.00](单位: 万台). 显然, AMGM(1, 1) 的预测最符合实际.

表 3-1 LCD TV 需求的预测结果比较

单位: 万台

年	原始数据	AMGM(1,1)	GM(1,1)	IGRM
2001	[73, 89]	[73, 89]	[73, 89]	[73, 89]
2002	[130, 170]	[144.70, 184.70]	[137.17, 175.08]	[146.68, 208.68]
2003	[353, 433]	[343.09, 423.09]	[307.07, 380.91]	[325.18, 417.70]
2004	[790, 950]	[811.06, 971.06]	[685.98, 829.79]	[807.66, 951.92]
2005	>2000	[1912.57, 2232.57]	[1529.75, 1809.86]	[1881.26, 2129.00]
平均相对误差		4.99%	9.99%	8.37%

例 3-2 国家统计局统计了每个月的居民消费价格指数 (CPI). 以一年 12 个月的统计值的最小值、平均值、最大值依次作为三元区间数的下、中、上界点, 形成三元区间数形式的原始序列, 比只用一年均值更有利于实际经济决策. 我国 2002−2006 年的 CPI 原始区间数序列为 [98.7, 99.2, 100], [100.2, 101.2, 103.2], [102.1, 103.9, 105.3], [100.9, 101.8, 103.9], [100.8, 101.5, 102.8].

这里以 2002−2005 年的 4 个区间作为原始序列建立模型, 预测 2006 年的三元区间数. 首先, 将 2002−2005 年的原始三元区间数序列转换为三个精确数序列:

$$F = \{99.3, 101.5333, 103.7667, 102.2\},$$

$$P = \{0.5, 1.0, 1.8, 0.9\},$$

$$Q = \{0.8, 2.0, 1.4, 2.1\}.$$

基于上面三个序列分别建立 AMGM(1, 1), 由累积法得参数值分别为:

$$F: a_F = -0.0032, \ b_F = 101.6803.$$

$$P: a_P = 0.0364, \ b_P = 1.3200.$$

$$Q: a_Q = -0.0290, \ b_Q = 1.7314.$$

三个序列的预测公式分别为:

$$\hat{f}(i) = \frac{2(2 + 0.0032)^{i-2}(101.6803 + 0.0032 \times 99.3)}{(2 - 0.0032)^{i-1}},$$

$$\hat{p}(i) = \frac{2(2 - 0.0364)^{i-2}(1.32 - 0.0364 \times 0.5)}{(2 + 0.0364)^{i-1}},$$

$$\hat{q}(i) = \frac{2(2 + 0.0290)^{i-2}(1.7314 + 0.0290 \times 0.8)}{(2 - 0.0290)^{i-1}}.$$

得到拟合和预测值为:

$$\hat{F} = \{99.3, \ 102.1679, \ 102.4996, \ 102.8325, \ 103.1664\},$$

$$\hat{P} = \{0.5, \ 1.2786, \ 1.2329, \ 1.1889, \ 1.1464\},$$

$$\hat{Q} = \{0.8, \ 1.7804, \ 1.8328, \ 1.8867, \ 1.9422\}.$$

与例 3-1 一样, 建立三个序列 $(F \, \text{、} \, P \, \text{、} \, Q)$ 的基于最小二乘法的 GM(1, 1). 由最小二乘法得到的参数估计值分别为:

$$F: a_F = -0.0032, \ b_F = 101.6828.$$

$$P: a_P = 0.0326, \ b_P = 1.3111.$$

$$Q: a_Q = -0.0308, \ b_Q = 1.7250.$$

由三个序列的白化响应式得到 2002 年−2006 年的拟合与预测值为:

$$\hat{F} = \{99.3, \ 102.1688, \ 102.4996, \ 102.8314, \ 103.1643\},$$

$$\hat{P} = \{0.5, \ 1.2739, \ 1.2330, \ 1.1934, \ 1.1551\},$$

$$\hat{Q} = \{0.8, \ 1.7769, \ 1.8325, \ 1.8898, \ 1.9489\}.$$

由三元区间数的界点还原过程, 得到CPI的预测结果如表 3-2所示. 可以看出, AMGM(1, 1) 和 GM(1, 1) 有相同的高精度, 平均相对误差均只有0.98%.

表 3-2 CPI的预测结果

年	AMGM(1,1)	GM(1,1)
2002	[98.7, 99.2, 100]	[98.7, 99.2, 100]
2003	[100.7220, 102.0006, 103.7810]	[100.7273, 102.0011, 103.7780]
2004	[101.0668, 102.2997, 104.1325]	[101.0667, 102.2997, 104.1322]
2005	[101.4110, 102.5999, 104.4866]	[101.4058, 102.5993, 104.4891]
2006	[101.7548, 102.9012, 104.8434]	[101.7446, 102.8997, 104.8486]
平均相对误差	0.98%	0.98%

分析可得, 三个转换序列的发展系数 a 的绝对值较小, 这代表序列的增长率较低, 数据发展趋势较平缓, 这就使得传统的白化响应式与本书的内涵型预测公式可以相互替代, 所以两个模型的精度相差不大. 另外, 还可以看出两个模型的拟合情况都只反映了序列的整体发展趋势, 并没有反映序列的波动性, 将在以后的章节进一步改进模型.

第 4 章　基于序列转换的新陈代谢 $\mathrm{GM}(0, N)$

$\mathrm{GM}(0, N)$ 是灰色模型 $(\mathrm{GM}(r, h))$ 中的多变量灰色模型之一. 0 代表 0 阶微分方程; N 代表 N 个变量. $\mathrm{GM}(0, N)$ 是多元离散模型, 类似于多元线性回归模型, 是一个静态模型. 但是不同于多元线性回归模型基于原始序列进行建模, $\mathrm{GM}(0, N)$ 是以原始数据的累加生成 (AGO) 序列为基础进行建模的.

4.1　新陈代谢 $\mathrm{GM}(0, N)$

设 $X_1^{(0)} = \{x_1^{(0)}(1), x_1^{(0)}(2), \cdots, x_1^{(0)}(n)\}$ 为系统特征序列 (或因变量序列). 设 $X_i^{(0)} = \{x_i^{(0)}(1), x_i^{(0)}(2), \cdots, x_i^{(0)}(n)\}, i = 2, 3, \cdots, N$ 为相关因素序列 (或自变量序列).

$X_i^{(0)}, i = 1, 2, \cdots, N$, 的一次累加生成 (1-AGO) 序列为

$$X_i^{(1)} = \{x_i^{(1)}(1), x_i^{(1)}(2), \cdots, x_i^{(1)}(n)\},$$

其中, $x_i^{(1)}(p) = \sum_{k=1}^{p} x_i^{(0)}(k), p = 1, 2, \cdots, n.$

$\mathrm{GM}\,(0, N)$ 的方程为

$$x_1^{(1)}(k) = \sum_{i=2}^{N} b_i x_i^{(1)}(k) + a, \tag{4-1}$$

其中, a 称为补偿系数, $b_2, b_3, \cdots, b_N$ 称为驱动系数.

通过累加生成可以使得分散的原始数据在累加过程中出现单调递增的规律, 即获得系统演化态势, 所以通过 AGO 可以弱化原始数据序列的随机性, 有效提高模型的抗噪性. AGO 作为灰色预测模型的基础, 是对灰色模型的模拟和预测效果产生重要影响的数据处理方法.

新陈代谢方法就是随着系统的发展, 系统特征也在不断变化. 通过不断更新数据逐渐地贴合系统演化趋势, 同时抛弃旧的数据, 增加新的数据. 下面给出在灰色

多变量 GM(0, N) 中使用新陈代谢方法预测的具体过程.

设原始数据为 $X_i^{(0)} = \{x_i^{(0)}(1), x_i^{(0)}(2), \cdots, x_i^{(0)}(n)\}$, $i = 1, 2, \cdots, N$, 那么用原始数据序列建立的 GM(0, N) 就是全数据模型.

对 $\forall k > 1$, 用 $X_i^{(0)} = \{x_i^{(0)}(k), x_i^{(0)}(k+1), \cdots, x_i^{(0)}(n)\}$ 建立的 GM(0, N) 被称为部分数据 GM(0, N).

设 $x_i^{(0)}(n+1)$ 是序列最新的信息, 将 $x_i^{(0)}(n+1)$ 代入

$$X_i^{(0)} = \{x_i^{(0)}(1), x_i^{(0)}(2), \cdots, x_i^{(0)}(n), x_i^{(0)}(n+1)\},$$

那么称建立的新模型是新信息模型.

如果在加入最新数据的基础上去掉新信息模型中最旧的数据 $x_i^{(0)}(1)$, 那么基于

$$X_i^{(0)} = \{x_i^{(0)}(2), \cdots, x_i^{(0)}(n), x_i^{(0)}(n+1)\}$$

建立的模型就是新陈代谢 GM(0, N).

4.2 灰色关联度分析

经济系统、生态系统、农业系统等都包含众多不同的因素, 一个系统特征的变化不只是某个单一因素造成的, 而是多种因素共同作用影响的. 我们在进行系统分析的过程中需要了解哪些因素对系统具有更强的相关性, 对系统特征的推动是正面的还是负面的. 通常在具有大量样本数据的情况下, 可以采用数理统计中的主成分分析、回归分析等方法来进行系统分析, 但在灰色理论的研究中, 由于采集到的数据普遍较少且不具备服从某种典型的概率分布的特点, 采用这种数理统计的研究方法很有可能导致系统关系和规律与实际相差甚远. 因此灰色系统中的相关分析一般采用灰色关联分析. 该方法是通过计算灰色关联度数值、比较关联度大小来衡量影响因素和系统特征的相关程度, 通常影响因素与系统特征变化趋势越一致, 其灰色关联度越大.

灰色关联度的计算步骤如下:

(1) 求各个特征序列和相关因素序列的初值像:

$$X_i' = X_i/x_i(1) = \{x_i'(1), x_i'(2), \cdots, x_i'(n)\}, \ i=1, \ 2, \ \cdots, \ N. \tag{4-2}$$

(2) 求原始特征序列和各相关因素序列初值像对应分量之差的绝对值序列:

$$\Delta_i(k) = |x_1'(k) - x_i'(k)|, \ i = 2, \ 3, \ \cdots, \ N, \ k = 1, \ 2, \ \cdots, \ n. \tag{4-3}$$

(3) 求绝对值序列中的最大值与最小值:

$$M = \max_i \max_k \Delta_i(k), \ m = \min_i \min_k \Delta_i(k). \tag{4-4}$$

(4) 计算灰色关联系数:

$$\gamma_{1i}(k) = \frac{m + \xi M}{\Delta_i(k) + \xi M}, \ i = 2, \ 3, \ \cdots, \ N, \ k = 1, \ 2, \ \cdots, \ n. \tag{4-5}$$

其中 ξ 为分辨系数.

(5) 求出灰色关联系数均值即为灰色关联度:

$$\gamma_{1i} = \frac{1}{n} \sum_{k=1}^{n} \gamma_{1i}(k). \tag{4-6}$$

4.3　黄金价格的区间预测

1. 关联度分析

近年来我国黄金价格持续上涨, 以黄金市场中的黄金价格为例, 黄金价格受黄金总需求、美元指数、利率、经济环境等多种因素的复合影响. 本书中采用黄金储备作为黄金需求的替代指标, 美国非农数据作为参考影响因素, 对黄金价格进行灰色关联度分析 (采用的数据来自于中国人民银行、香港金融管理局月报及世界黄金价格的公开数据). 黄金价格影响因素数据如表 4-1 所示.

设黄金价格为 X_1, 美元指数为 X_2, 利率为 X_3, 黄金储备量为 X_4, 美国非农数据为 X_5.

表 4-1 黄金价格影响因素数据

年	黄金价格/(元/盎司)	美元指数	利率	黄金储备/万盎司	非农数据/万人
2008	6063.005	76.825	0.462	1929.000	12.000
2009	6646.374	80.486	0.457	3024.000	30.550
2010	8284.184	81.360	0.458	3389.000	4.392
2011	10130.629	76.138	0.314	3389.000	10.692
2012	10527.505	80.343	0.250	3389.000	32.758
2013	8682.585	81.433	0.250	3389.000	17.142
2014	7801.872	83.035	0.250	3389.000	20.675
2015	7286.727	96.728	0.250	4618.083	22.233
2016	8291.725	97.223	0.250	5849.500	19.050
2017	8494.308	95.909	0.250	5849.500	17.567

步骤一: 为了消除不同量化单位对数据分析造成的影响, 首先需要对各数据进行无量纲化处理. 求出各序列的初值像, 得到以下五个新的数列:

$$X_1' = \{1, 0.962, 1.366, 1.671, 1.736, 1.432, 1.287, 1.202, 1.368, 1.401\},$$

$$X_2' = \{1, 1.048, 1.059, 0.991, 1.046, 1.060, 1.081, 1.259, 1.266, 1.248\},$$

$$X_3' = \{1, 0.989, 0.993, 0.680, 0.541, 0.541, 0.541, 0.541, 0.541, 0.541\},$$

$$X_4' = \{1, 1.568, 1.757, 1.757, 1.757, 1.757, 1.757, 2.394, 3.032, 3.032\},$$

$$X_5' = \{1, 2.546, 0.366, 0.891, 2.730, 1.428, 1.723, 1.852, 1.588, 1.464\}.$$

步骤二: 根据灰色关联公式求出 X_2, X_3, X_4, X_5 与 X_1 初值像的对应分量之差的绝对值序列:

$$\Delta_2 = \{0, 0.049, 0.307, 0.680, 0.690, 0.372, 0.206, -0.057, 0.102, 0.153\},$$

$$\Delta_3 = \{0, 0.107, 0.373, 0.990, 1.195, 0.891, 0.745, 0.660, 0.826, 0.860\},$$

$$\Delta_4 = \{0, -0.47, -0.39, -0.08, -0.02, -0.32, -0.47, -1.19, -1.66, -1.63\},$$

$$\Delta_5 = \{0, -1.450, 1.732, 2.562, 4.466, 2.861, 3.010, 3.055, 2.955, 2.865\}.$$

步骤三: 求出步骤二中 $\Delta_i(k)$, $i = 2, 3, 4, 5$, $k = 1, 2, \cdots, 10$ 的最大值与最小值分别为:

$$M = \max_i \max_k \Delta_i(k) = 4.466,$$

$$m = \min_i \min_k \Delta_i(k) = 0.$$

步骤四: 求出灰色关联系数. 取分辨系数 $\xi = 0.5$, 有

$$\gamma_{1i}(k) = \frac{m + \xi M}{\Delta_i(k) + \xi M} = \frac{2.233}{\Delta_i(k) + 2.233}.$$

通过计算得到美元指数、利率、黄金储备量、美国非农数据与黄金价格的灰色关联系数如表 4-2 所示.

表 4-2　关联系数表

k/i	2	3	4	5
1	1.000	1.000	1.000	1.000
2	0.979	0.954	0.826	0.606
3	0.879	0.857	0.851	0.563
4	0.767	0.693	0.963	0.466
5	0.764	0.651	0.991	0.333
6	0.857	0.715	0.873	0.438
7	0.916	0.750	0.826	0.426
8	0.975	0.772	0.652	0.422
9	0.956	0.730	0.573	0.430
10	0.936	0.722	0.578	0.438

分别得到如下灰色关联度:

$$\gamma_{12} = \frac{1}{10} \sum_{k=1}^{10} \gamma_{12}(k) = 0.903,$$

$$\gamma_{13} = \frac{1}{10} \sum_{k=1}^{10} \gamma_{13}(k) = 0.784,$$

$$\gamma_{14} = \frac{1}{10} \sum_{k=1}^{10} \gamma_{14}(k) = 0.813,$$

$$\gamma_{15} = \frac{1}{10} \sum_{k=1}^{10} \gamma_{15}(k) = 0.512.$$

观察关联度的结果可以得到美元指数与黄金价格的关联度为 0.903, 人民币利率与黄金价格的关联度为 0.784, 黄金储备与黄金价格的关联度为 0.813. 可以判断除了美国非农数据这一指标的关联度(0.512)与黄金价格影响不大外, 其他指标均对黄金价格有显著影响, 且关联度均大于 0.6, 可以作为影响因素用来预测黄金价格.

2. 结果分析

将黄金价格每年的最小值和最大值分别作为二元区间数 ($[x_L(k), x_U(k)]$) 的下界点和上界点, 建模数据见表 4-3.

表 4-3 黄金价格区间数序列

单位:元/盎司

年	黄金价格	年	黄金价格
2008	[5196.06, 6851.64]	2013	[7445.34, 10396.03]
2009	[5869.85, 7747.47]	2014	[7206.45, 8247.19]
2010	[7480.80, 9250.30]	2015	[6888.22, 7785.15]
2011	[8951.24, 11321.35]	2016	[7213.92, 8930.73]
2012	[10030.10, 11026.74]	2017	[8220.48,8722.51]

二元区间数序列转换为精确数序列的过程与第 3 章相同, 即转换为中点序列和区间长度序列:

$$m(k) = \frac{x_L(k) + x_U(k)}{2},$$
$$l(k) = x_U(k) - x_L(k).$$

再对中点序列和区间长度序列分别基于表 4-1 中各个因素变量的精确数序列建立新陈代谢 GM(0, 4), 最后还原为区间数. 首先对新陈代谢模型的最佳预测维数进行选择. 根据 2008 年－2016 年黄金价格数据分别建立九维、七维、五维 GM(0, N) 进行拟合结果对比, 对比结果如表 4-4 所示. 根据不同维数的相对误差值对比, 可以看出随着维数的减少, 旧数据不断被剔除的过程中模型的平均相对误差不断变小, 精度也在逐渐提高. 其中误差最小为 2.16%, 是五维 GM(0, 4), 即用 2012－2016 年的数据建立的预测模型精度最好. 因此, 这里选用五维模型进行新陈代谢灰色模型预测, 预测结果如表 4-5 所示.

表 4-4　黄金价格拟合结果

单位:元/盎司

年	九维 GM(0, N)	七维 GM(0, N)	五维 GM(0, N)
2009	[10968.72, 13575.72]		
2010	[9886.34, 12257.34]		
2011	[8209.59, 10099.66]	[19235.06, 25649.36]	
2012	[7701.55, 9295.50]	[8501.70, 10452.19]	
2013	[7747.24, 9349.15]	[8426.23, 10335.75]	[7385.10, 8681.44]
2014	[8221.12, 9905.61]	[7643.45, 9128.01]	[7206.45, 8247.19]
2015	[8075.87, 9661.16]	[6177.54, 7011.80]	[6888.22, 7785.15]
2016	[6087.85, 7242.74]	[7523.37, 9253.62]	[7213.93, 8930.73]
平均相对误差	25.56%	26.71%	2.16%

表 4-5　黄金价格预测结果

单位:元/盎司

年	实际值	预测区间	相对误差
2017	[8220.5, 8722.5]	[7264.62, 9053.95]	11.63%, 3.83%
2018	[8214.0, 8592.7]	[7464.06, 9571.31]	9.13%, 11.39%
平均相对误差			8.99%

　　传统 GM(0, 4) 的拟合和预测结果见表 4-6. 可以看到传统模型的拟合值和预测值的相对误差较大. 灰色预测模型的精度可以对模型预测结果进行后验差检验得到, 精度检验等级参照表见表 4-7. 对二元区间数黄金价格预测模型的上、下界点分别进行后验差检验可以得到表 4-8. 根据对比可以发现基于传统模型的区间预测效果不佳, 平均相对误差超过20%, 而使用新陈代谢方法后平均相对误差显著降低. 根据后验差检验可以发现新陈代谢预测方法的上、下界点相对误差显著小于传统方法预测结果的误差, 查表 4-7 可以知道新陈代谢预测模型的均方差比值精度合

格, 小概率误差精度在二级, 而传统预测方法的后验差结果均不合格.

表 4-6 传统 GM(0, 4) 对黄金价格的预测结果

单位:元/盎司

年	实际区间值	预测区间	相对误差
2009	[5869.85, 7747.47]	[10968.72, 13575.72]	86.9%, 75.2%
2010	[7480.80, 9250.30]	[9886.34, 12257.34]	32.2%, 32.5%
2011	[8951.24, 11321.35]	[8209.59, 10099.66]	8.3%, 10.8%
2012	[10030.10, 11026.74]	[7701.55, 9295.50]	23.2%, 15.7%
2013	[7445.34, 10396.03]	[7747.24, 9349.15]	4.1%, 10.1%
2014	[7206.45, 8247.19]	[8221.12, 9905.61]	14.1%, 20.1%
2015	[6888.22, 7785.15]	[8075.87, 9661.16]	17.2%, 24.1%
2016	[7213.92, 8930.73]	[6087.85, 7242.74]	15.6%, 18.9%
2017	[8220.50, 8722.50]	[5953.38, 7084.85]	27.6%, 18.8%
2018	[8214.00, 8592.70]	[5320.90, 6334.42]	35.2%, 26.3%
平均相对误差	2009−2016: 25.56%; 2017−2018: 26.96%		

表 4-7 精度检验等级参照表

精度等级	相对误差	关联度	均方差比值	小概率误差
一级	0.01	0.90	0.35	0.95
二级	0.05	0.80	0.50	0.80
三级	0.10	0.70	0.65	0.70
四级	0.20	0.60	0.80	0.60

表 4-8 黄金价格预测后验差检验结果

检验类型	新陈代谢方法		传统方法	
	下界点	上界点	下界点	上界点
相对误差	0.0308	0.0453	0.2403	0.2295
均方差比值	0.3866	0.6438	1.7464	1.8007
小概率误差	0.8566	0.8571	0.2727	0.0900

4.4　铁运客运量的区间预测

1. 关联度分析

在铁路客运量中, 国家经济发展水平和阶段, 人口的数量, 城镇居民的消费水平, 水路、公路、航空等运输方式的客运量, 旅游人口数量, 铁路运价等都与铁路的客运数量有着密切的联系.

由于我国的铁路运价长期受到控制, 故在本书中去除铁路客运价格的影响, 只研究国内生产总值、人口数量对我国铁路客运量的影响. 首先对铁路客运量与两个影响因素 (国内生产总值与人口数量) 进行灰色关联度分析. 在计算灰色关联度时, 铁路客运量采用每年的月度均值, 国内生产总值和人口数量采用年度总值, 相关数据见表 4-9.

表 4-9　铁路客运量及相关因素

年	铁路客运量 /万人	国内生产总值 /亿元	人口总量 /万人
2008	12117.333	319244.6	132802
2009	12706.833	348517.7	133450
2010	13940.833	412119.3	134091
2011	15494.500	487940.2	134735
2012	15962.833	538580.0	135404
2013	17515.500	592963.2	136072
2014	19642.000	641280.6	136782
2015	21119.750	685992.9	137462
2016	23451.833	740060.8	138271
2017	25698.333	820754.3	139008

计算灰色关联度的过程与上节相同, 最后得铁路客运量与国民生产总值的灰色关联度为 $\gamma_{12} = 0.684$; 铁路客运量与人口总量的灰色关联度为 $\gamma_{13} = 0.621$. 由此可知, 2008 年到 2017 年这十年间国民生产总值和人口总量与铁路客运量相关, 且关

联度均大于 0.6, 可以作为影响因素对铁路客运量进行预测.

2. 结果分析

将铁路客运量每年 12 个月的月度最小值和月度最大值分别作为二元区间数的下界点和上界点 ($[x_L(k), x_U(k)]$), 原始区间数据见表 4-10. 二元区间数序列转换为精确数序列的过程与第 3 章相同, 即转换为中点序列和区间长度序列:

$$m(k) = \frac{x_L(k) + x_U(k)}{2}, \ l(k) = x_U(k) - x_L(k).$$

再对中点序列和区间长度序列分别基于表 4-9 中各个因素变量的精确数序列建立新陈代谢 GM(0, 3), 最后还原为区间数.

首先对新陈代谢 GM(0, N) 的最佳预测维数进行选择. 根据 2008-2016 年黄金价格数据分别建立九维、七维、五维 GM(0, N) 进行拟合结果对比, 对比结果如表 4-10 所示.

表 4-10 铁路客运量拟合结果

单位:万人

年	原始数据	九维GM(0, N)	七维GM(0, N)	五维GM(0, N)
2009	[10893,15007]	[9590.3,12363.2]		
2010	[12189,16200]	[11592.3,15542.4]		
2011	[13146,18160]	[12862.0,17565.4]	[11935.5,16730.5]	
2012	[14185,18517]	[13909.4,19234.6]	[13231.5,18625.0]	
2013	[14044,20287]	[15047.0,21046.9]	[14638.5,20681.1]	[14161.2,21746.1]
2014	[15975,23515]	[16357.2,23131.2]	[16254.5,23042.7]	[16035.2,23634.2]
2015	[17850,25539]	[17566.5,25056.1]	[17747.5,25224.8]	[17767.2,25376.9]
2016	[20409,28007]	[19458.7,28059.8]	[20072.5,28620.9]	[20458.2,28103.8]
平均相对误差		4.56%	3.33%	1.32%

由对比预测结果可以知道五维预测模型的误差最小, 故而选取五维新陈代谢模型进行预测, 预测结果如表 4-11 所示. 为了比较, 我们也建立传统 GM(0, 3) 对铁路客运量进行预测. 传统 GM(0, 3) 的预测结果如表 4-12 所示. 我们可以看出铁路客运量是稳步增长型序列, 没有较大的振荡. 传统 GM(0, 3) 和新陈代谢方法对铁

路客运量的预测结果的相对误差分别为 6.86% 与 3.66%. 可以看出传统预测方法和新陈代谢预测方法对低增长且振荡较小的序列的预测效果均表现良好, 但是新陈代谢方法的预测结果的相对误差小于传统方法的预测结果的相对误差.

表 4-11　铁路客运量预测结果

单位:万人

年	实际区间值	预测区间	相对误差
2017	[22624, 30692]	[2687.54, 30358.08]	0.28%, 1.09%
2018	[24564, 34340]	[3565.54, 31174.54]	4.06%, 9.22%
平均相对误差			3.66%

表 4-12　传统 GM(0, 3) 对铁路客运量的预测结果

单位:万人

年	实际区间值	预测区间	相对误差
2009	[10893, 15007]	[9590.28, 12363.24]	11.96%, 17.62%
2010	[12189, 16200]	[11592.29, 15542.37]	4.90%, 4.06%
2011	[13146, 18160]	[12861.94, 17565.40]	2.16%, 3.27%
2012	[14185, 18517]	[13909.39, 19234.64]	1.94%, 3.88%
2013	[14044, 20287]	[15046.94, 21046.90]	7.14%, 3.75%
2014	[15975, 23515]	[16357.18, 23131.24]	2.39%, 1.63%
2015	[17850, 25539]	[17566.52, 25056.14]	1.59%, 1.89%
2016	[20409, 28007]	[19458.69, 28059.79]	4.66%, 0.19%
2017	[22624, 30692]	[21022.96, 30545.10]	7.08%, 0.48%
2018	[24564, 34340]	[21662.96, 31569.02]	11.81%, 8.07%
平均相对误差	2009－2016: 4.56%; 2017－2018: 6.86%		

4.5　邮政业务量的区间预测

1. 关联度分析

近年来, 随着我国经济水平的增长, 我国邮政业务也在快速发展, 下面对影响我国邮政业务的相关因素进行灰色关联度分析, 数据如表 4-13 所示.

表 4-13 邮政业务量影响因素数据

年	邮政业务量/亿元	国内生产总值/亿元	人口/万人	快递量/万件
2010	165.433	412119.3	134091	19491.017
2011	133.992	487940.2	134735	30609.258
2012	169.725	538580.0	135404	47379.008
2013	227.075	592963.2	136072	76556.242
2014	308.008	641280.6	136782	116327.117
2015	423.208	685992.9	137462	172219.742
2016	616.433	740060.8	138271	260692.925
2017	813.650	820754.3	139008	333799.333
2018	1028.750	900309.0	139538	422585.375

邮政业务量 (单位: 亿元) 和快递量 (单位: 万件) 取的是每年的月度均值, 国内生产总值 (单位: 亿元) 和人口 (单位: 万人) 取的是年度总值. 通过计算得国内生产总值与邮政业务量的灰色关联度为 $\gamma_{12} = 0.883$; 人口与邮政业务量的灰色关联度为 $\gamma_{13} = 0.850$; 快递量与邮政业务量的灰色关联度为 $\gamma_{13} = 0.653$. 选取与邮政业务量关联度较大的两个因素, 即国内生产总值与人口数量进行建模.

2. 结果分析

将邮政业务量每年 12 个月的月度最小值、月度均值和月度最大值分别作为三元区间数 ($[x_{\mathrm{L}}(k), x_{\mathrm{M}}(k), x_{\mathrm{U}}(k)]$) 的下界点、中界点和上界点, 原始三元区间数序列如表 4-14 所示. 三元区间数序列转换为精确数序列的过程与第 3 章相同, 即转换为重心序列和左、右区间长度序列:

$$f(k) = \frac{x_{\mathrm{L}}(k) + x_{\mathrm{M}}(k) + x_{\mathrm{U}}(k)}{3},$$
$$p(k) = x_{\mathrm{M}}(k) - x_{\mathrm{L}}(k),$$
$$q(k) = x_{\mathrm{U}}(k) - x_{\mathrm{M}}(k).$$

对重心序列和左、右区间长度序列分别基于表 4-13 中各个因素变量的精确数序列建立新陈代谢 GM(0, 3), 最后还原为区间数.

首先对新陈代谢 GM(0, N) 的最佳预测维数进行选择. 根据 2010−2016 年邮政业务量数据分别建立七维、六维、五维 GM(0, N) 进行拟合结果对比, 对比结果如表 4-14 所示.

表 4-14 邮政业务量拟合结果

单位: 亿元

年	原始数据	七维GM(0, N)	六维GM(0, N)	五维GM(0, N)
2010	[126,165,197]			
2011	[102,134,159]	[53.6,93.9,118.6]		
2012	[133,169,208]	[101.9,118.8,132.7]	[48.9,67.9,81.1]	
2013	[141,227,289]	[160.3,237.4,306.6]	[139.4,198.0,249.3]	[131.2,145.9,181.7]
2014	[211,308,403]	[212.3,343.1,461.5]	[203.2,325.8,436.4]	[198.7,297.5,399.6]
2015	[243,423,597]	[260.6,441.3,605.4]	[262.4,444.6,610.3]	[261.4,438.4,602.2]
2016	[348,616,848]	[318.5,558.8,777.6]	[333.3,586.7,818.2]	[336.5,606.8,844.2]
平均相对误差		24.71%	18.09%	8.96%

根据对比可以发现, 随着邮政业务量预测模型旧的数据不断被抛弃, 模型的误差也在不断减小, 因而使用五维模型进行预测, 预测结果如表 4-15 所示.

表 4-15 邮政业务量预测结果

单位: 亿元

年	实际区间值	预测区间	相对误差/%
2017	[578.90,813.65,1114.20]	[446.90,854.32,1199.95]	22.80,5,7.70
2018	[579.30,1028.75,1376.70]	[573.53,1113.34,1555.97]	1.00,8.22,13.02
平均相对误差			9.62%

传统 GM(0, 3) 的预测结果见表 4-16. 此例中, 邮政业务量具有较大的振荡性. 新陈代谢方法与传统方法的拟合相对误差分别为 8.96% 和 24.71%. 新陈代谢方法与传统方法的预测相对误差分别为 9.62% 和 13.79%. 对比可以看出在高增长且振

荡型的实例中, 新陈代谢方法的预测效果比传统方法有了较大的提高.

表 4-16 传统 GM(0, 3) 对邮政业务量的预测结果

单位: 亿元

年	实际区间值	预测区间	相对误差/%
2011	[102.20,133.99,158.60]	[53.60,93.89,118.55]	47.42,8.18,-29.42
2012	[132.60,169.73,208.30]	[101.87,118.79,132.70]	23.17,30.01,36.29
2013	[141.10,227.08,289.60]	[160.29,237.42,306.59]	13.60,4.56,5.87
2014	[211.30,308.01,403.20]	[212.31,343.10,461.49]	0.48,11.39,14.46
2015	[243.30,423.21,597.00]	[260.62,441.27,605.39]	7.12,4.27,1.41
2016	[348.00,616.43,847.50]	[318.49,558.76,777.58]	8.48,9.36,8.25
2017	[578.90,813.65,1114.2]	[403.80,731.76,1031.03]	30.25,10.06,7.46
2018	[579.30,1028.75,1376.7]	[487.96,902.44,1281.09]	15.77,12.28,6.95
平均相对误差	2011-2016: 24.71%; 2017-2018: 13.79%		

第 5 章　基于序列转换的 ARMA 模型

5.1　ARMA 模型

ARMA 模型 (自回归移动平均模型), 由自回归模型 (AR) 和移动平均模型 (MA) 两部分组成, 通常针对的是平稳的时间序列. 若要预测不平稳的时间序列, 还要将其进行差分使样本数据平稳后再进行预测, 增加了差分步骤的模型称为自回归积分移动平均 (autoregressive integrated moving average, ARIMA) 模型. 该模型是在 20 世纪 70 年代由美国统计学家博克思 (Box) 和英国统计学家詹金斯 (Jenkins) 提出的, 所以该模型又以他们的名字命名为 Box-Jenkins 模型或博克思-詹金斯法. ARIMA(p, d, q) 模型包含: 自回归过程, p (自回归项); 移动平均过程, q (移动平均项); d (时间序列平稳化时所做的差分阶数). 如果时间序列具有周期性波动的趋势, 那么可以将序列按时间段来差分. 经过差分过程后的新序列符合 ARMA(p, q) 模型, 而初始序列符合 ARIMA(p, d, q) 模型.

定义 5.1 具有如下结构的模型称为 p 阶自回归模型, 简记为 AR(p):

$$\begin{cases} x_t = \phi_0 + \phi_1 x_{t-1} + \phi_2 x_{t-2} + \cdots + \phi_p x_{t-p} + \varepsilon_t \\ \phi_p \neq 0 \\ E(\varepsilon_t) = 0, \mathrm{Var}(\varepsilon_t) = \sigma_\varepsilon^2, E(\varepsilon_t \varepsilon_s) = 0, s \neq t \\ E(x_s \varepsilon_t) = 0, \forall s < t \end{cases} \tag{5-1}$$

AR(p) 模型有 3 个限制条件:

(1) $\phi_p \neq 0$. 这个限制条件保证了模型的最高阶数为 p.

(2) $E(\varepsilon_t) = 0$, $\mathrm{Var}(\varepsilon_t) = \sigma_\varepsilon^2$, $E(\varepsilon_t \varepsilon_s) = 0$, $s \neq t$. 这个限制条件实际上是要求随机干扰序列 $\{\varepsilon_t\}$ 为零均值白噪声序列.

(3) $E(x_s \varepsilon_t) = 0$, $\forall s < t$. 这个限制条件说明当期的随机干扰与过去的序列值无关.

通常会缺省默认式 (5-1) 的限制条件, 把 AR(p) 模型简记为:

$$x_t = \phi_0 + \phi_1 x_{t-1} + \phi_2 x_{t-2} + \cdots + \phi_p x_{t-p} + \varepsilon_t. \tag{5-2}$$

定义 5.2 具有如下结构的模型称为 q 阶移动平均模型, 简记为 MA(q):

$$\begin{cases} x_t = \mu + \varepsilon_t - \theta_1 \varepsilon_{t-1} - \theta_2 \varepsilon_{t-2} - \cdots - \theta_q \varepsilon_{t-q} \\ \theta_q \neq 0 \\ E(\varepsilon_t) = 0,\ \mathrm{Var}(\varepsilon_t) = \sigma_\varepsilon^2,\ E(\varepsilon_t \varepsilon_s) = 0,\ s \neq t \end{cases} \tag{5-3}$$

MA(p) 模型有 2 个限制条件:

(1) $\phi_q \neq 0$. 这个限制条件保证了模型的最高阶数为 q.

(2) $E(\varepsilon_t) = 0$, $\mathrm{Var}(\varepsilon_t) = \sigma_\varepsilon^2$, $E(\varepsilon_t \varepsilon_s) = 0$, $s \neq t$. 这个限制条件保证了随机干扰序列 $\{\varepsilon_t\}$ 为零均值白噪声序列.

通常缺省默认式 (5-3) 的限制条件, 把 MA(q) 模型简记为:

$$x_t = \mu + \varepsilon_t - \theta_1 \varepsilon_{t-1} - \theta_2 \varepsilon_{t-2} - \cdots - \theta_q \varepsilon_{t-q}. \tag{5-4}$$

定义 5.3 具有如下结构的模型称为自回归移动平均模型, 简记为 ARMA(p, q):

$$\begin{cases} x_t = \phi_0 + \phi_1 x_{t-1} + \phi_2 x_{t-2} + \cdots + \phi_p x_{t-p} + \varepsilon_t - \theta_1 \varepsilon_{t-1} - \theta_2 \varepsilon_{t-2} - \cdots - \theta_q \varepsilon_{t-q} \\ \phi_p \neq 0,\ \theta_q \neq 0 \\ E(\varepsilon_t) = 0,\ \mathrm{Var}(\varepsilon_t) = \sigma_\varepsilon^2,\ E(\varepsilon_t \varepsilon_s) = 0,\ s \neq t \\ E(x_s \varepsilon_t) = 0, \forall s < t \end{cases}$$

$$\tag{5-5}$$

若 $\phi_0 = 0$, 该模型称为中心化 ARMA(p, q) 模型. 缺省默认条件, 中心化 ARMA(p, q) 模型可以简写为:

$$x_t = \phi_0 + \phi_1 x_{t-1} + \phi_2 x_{t-2} + \cdots + \phi_p x_{t-p} + \varepsilon_t - \theta_1 \varepsilon_{t-1} - \theta_2 \varepsilon_{t-2} - \cdots - \theta_q \varepsilon_{t-q}.$$

$$\tag{5-6}$$

显然, 当 $q = 0$ 时, ARMA(p, q) 模型就退化成了 AR(p) 模型; 当 $p = 0$ 时, ARMA(p, q) 模型就退化成了 MA(q) 模型.

所以, AR(p) 模型和 MA(q) 模型实际上是 ARMA(p, q) 模型的特例, 它们统称为 ARMA 模型.

5.2　基于序列转换的区间数序列预测过程

笔者在文献 [55] 提出了一种新的区间数时间序列混合预测的方法, 用灰色模型中累加的方法先对样本数据进行累加处理, 之后再用 ARMA 模型进行预测. 经过累加生成处理后的区间数序列可以减小初始数据变化的随机性, 使其呈现出较为明显的特征规律. 此混合预测方法与直接使用 ARMA 模型的预测结果进行对比, 可以看出预测精度得到提高. 建模步骤如下:

(1) 将二元区间数序列$\{\tilde{x}(1), \tilde{x}(2), \cdots, \tilde{x}(n)\}$(其中, $\tilde{x}(i) = [x_{\mathrm{L}}(i),\ x_{\mathrm{U}}(i)]$) 进行序列转换, 得到区间中点序列和区间半径序列:

$$m(i) = \frac{x_{\mathrm{L}}(i) + x_{\mathrm{U}}(i)}{2},\ r(i) = \frac{x_{\mathrm{U}}(i) - x_{\mathrm{L}}(i)}{2},\ i = 1,\ 2,\ \cdots,\ n.$$

(2) 对区间中点序列和区间半径序列分别做一次累加生成, 得到各自的一次累加生成序列. 接着再对区间中点序列和区间半径序列的一次累加生成序列分别运用 ARMA 模型进行预测.

(3) 对一次累加生成序列进行纯随机性检验, 判断是否为白噪声序列. 若原始数据为白噪声序列, 则没有继续进行建模预测的必要. 若平稳, 则可直接用 ARMA(p, q) 模型进行预测, 如观察时序图数据具有明显的上升或下降趋势, 则进行 d 阶差分后再用 ARIMA(p, d, q) 模型进行预测.

(4) 对 (3) 得出的模型进行定阶, 选择适当的阶数并运用定阶后的模型对一次累加生成序列进行预测.

(5) 对定阶后模型的预测结果进行有效性检验分析, 检验随机误差项是否为白噪声序列. 若不是白噪声序列, 则对模型重新定阶或增加差分阶数. 另外, 检验参数估计是否显著, 若检验没有通过, 则返回 (4).

(6) 将预测得到的区间中点序列和区间半径序列的一次累加生成序列分别进行

一次累减, 得到区间中点序列和区间半径序列的预测值, 再还原为二元区间数, 从而得到二元区间数序列的预测结果.

(7) 用平均相对误差对二元区间数的预测结果进行精度检验.

三元区间数序列的预测过程与上面的过程类似, 主要包括三步: 将三元区间数序列转换为区间中点序列和左、右区间长度序列; 分别对转换后的序列进行累加生成; 对累加生成序列建立 ARMA 模型.

5.3 实 例 分 析

例 5-1 选用阳光股份 (000608) 2015 年 11 月 23 日至 2016 年 2 月 29 日的每日最高股价和最低股价作为小波动的二元区间数序列数据, 预测未来 5 个交易日的最高股价和最低股价区间序列, 原始数据见表 5-1. 以 2010 年 8 月至 2015 年 12 月每月最高和最低黄金价格作为大波动的区间序列数据, 预测 2016 年 1 月至 5 月的最高价和最低价的二元区间数序列, 原始数据见表 5-2. 计算出区间半径序列和区间中点序列, 再分别计算出累加序列, 再用 SAS 软件对这四组数据建立 ARMA 模型进行预测. 四个序列对应的模型如表 5-3 所示.

表 5-1 阳光股份原始数据

单位:元/股

日期	最低价	最高价	半径	中点	半径累加	中点累加
2015-11-23	5.68	5.98	0.15	5.83	0.15	5.83
2015-11-24	5.76	5.97	0.11	5.86	0.26	11.70
2015-11-25	5.84	5.98	0.07	5.91	0.33	17.61
⋮	⋮	⋮	⋮	⋮	⋮	⋮
2016-02-24	4.74	5.20	0.23	4.97	9.21	337.73
2016-02-25	4.78	5.23	0.23	5.01	9.44	342.74
2016-02-26	4.72	4.90	0.09	4.81	9.53	347.55
2016-02-29	4.53	4.92	0.19	4.73	9.73	352.28

表 5-2　黄金价格2010－2015年原始数据

单位:元/盎司

日期	最低价	最高价	半径	中点	半径累加	中点累加
2010-08	1174.7	1249.4	37.4	1212.1	37.4	1212.1
2010-09	1239.0	1315.2	38.1	1277.1	75.5	2489.2
2010-10	1309.0	1383.9	37.5	1346.5	112.9	3835.6
2010-11	1339.1	1451.2	39.3	1421.5	124.4	4013.5
⋮	⋮	⋮	⋮	⋮	⋮	⋮
2015-10	1105.8	1189.0	41.6	1147.4	3442.9	89167.6
2015-11	1051.1	1138.7	43.8	1094.9	3486.7	90262.5
2015-12	1046.2	1098.8	26.3	1072.5	3512.9	91334.9

表 5-3　各个序列对应的预测模型

阳光股份	模型	黄金价格	模型
区间半径序列	ARMA(1, 0)	区间半径序列	ARMA(1, 0)
区间中点序列	ARMA(1, 0)	区间中点序列	ARMA(1, 0)
区间半径累加序列	ARIMA(3, 1, 0)	区间半径累加序列	ARIMA(1, 1, 0)
区间中点累加序列	ARIMA(1, 1, 0)	区间中点累加序列	ARIMA(1, 1, 0)

　　先对原始序列累加处理后再建立 ARMA 模型的预测方法记为 CARMA 模型.用 2015-11-23 至 2016-2-29 的阳光股份的价格预测阳光股份未来 5 个交易日的数据, 即 2016-3-1 至 2016-3-5 的股票最高价和最低价. ARMA 模型和 CARMA 模型的预测结果见表 5-4. 用 2010 年 8 月至 2015 年 12 月的黄金价格预测未来五个月,即 2016 年 1 月至 5 月的黄金最高价和最低价. ARMA 模型和 CARMA 模型的预测结果见表 5-5. 由表 5-4 及表 5-5 中的预测结果可以看出, 阳光股份的股价作为小波动的数据, CARMA 模型预测的误差比直接用 ARMA 模型预测的误差稍大,两者相差 0.24%. 这说明对于波动幅度小的数据, 累加反而使误差增大. 而对于黄金价格这组大波动的数据, CARMA 模型的平均相对误差比直接用 ARMA 模型的平均相对误差要小, 说明累加之后再用 ARMA 模型提高了预测精度.

表 5-4 阳光股份预测结果

单位: 元/股

日期	原始数据	ARMA模型	CARMA模型
2015-11-23	[5.68, 5.98]	[5.64, 5.94]	[5.68, 5.98]
2015-11-24	[5.76, 5.97]	[5.68, 5.98]	[5.69, 5.98]
2015-11-25	[5.84, 5.98]	[5.74, 5.99]	[5.81, 5.98]
⋮	⋮	⋮	⋮
2016-03-01	[4.60, 4.86]	[4.57, 4.92]	[4.56, 4.93]
2016-03-02	[4.78, 5.22]	[4.61, 4.94]	[4.62, 4.91]
2016-03-03	[5.10, 5.41]	[4.64, 4.95]	[4.63, 4.94]
2016-03-04	[5.01, 5.34]	[4.66, 4.97]	[4.64, 4.96]
2016-03-05	[5.13, 5.30]	[4.69, 4.99]	[4.67, 4.98]
平均相对误差		5.66%	5.90%

表 5-5 黄金价格预测结果

单位: 元/盎司

日期	原始数据	ARMA模型	CARMA模型
2010-08	[1174.7, 1249.4]	[1159.7, 1266.1]	[1174.7, 1249.4]
2010-09	[1239.0, 1315.2]	[1166.4, 1257.7]	[1222.7, 1329.7]
2010-10	[1309.0, 1383.9]	[1230.1, 1322.1]	[1247.3, 1308.8]
⋮	⋮	⋮	⋮
2015-11	[1051.1, 1138.7]	[1100.7, 1196.1]	[1119.7, 1215.1]
2015-12	[1046.2, 1098.8]	[1048.0, 1145.4]	[998.5, 1088.2]
2016-01	[1063.2, 1125.7]	[1034.3, 1115.0]	[1035.5, 1116.6]
2016-02	[1115.3, 1260.8]	[1029.7, 1123.8]	[1032.2, 1126.9]
2016-03	[1210.0, 1280.7]	[1028.6, 1129.2]	[1032.4, 1133.5]
2016-04	[1209.2, 1295.5]	[1029.1, 1132.7]	[1034.2, 1138.4]
2016-05	[1199.0, 1304.4]	[1030.4, 1135.5]	[1036.8, 1142.4]
平均相对误差		10.35%	10.02%

例 5-2　对于三元区间时间序列的实例分析, 我们选用随机性较强的 1999 年第 1 季度 (记为1999-1) 到 2015 年第 1 季度 (记为 2015-1) 的每个季度居民消费价格指数的 65 组数据, 预测 2015 年第 2 季度 (记为 2015-2) 到 2016 年第 2 季度 (记为 2016-2) 的 5 组数据. 下、中、上三个界点分别取为每季度居民价格指数的最小值、平均值和最大值. 对比数据为 2010 年 8 月到 2015 年 12 月每月的最低、平均和最高黄金价格的三元区间数序列, 预测 2016 年 1 月至 5 月的数据.

计算出三元区间数区间重心序列和左、右区间长度序列, 再分别算出累加序列, 再用SAS软件对这六组数据建立 ARMA 模型进行预测. 六个序列对应的模型如表 5-6 所示.

表 5-6　各个序列对应的 ARMA 模型和 ARIMA 模型

居民消费价格指数	模型	黄金价格	模型
区间重心序列	ARMA(1, 3)	区间重心序列	ARMA(1, 0)
左区间长度序列	ARIMA(0, 1, 2)	左区间长度序列	ARMA(1, 0)
右区间长度序列	ARIMA(3, 1, 0)	右区间长度序列	ARMA(0, 4)
区间重心累加序列	ARIMA(2, 1, 4)	区间重心累加序列	ARIMA(1, 1, 0)
左区间长度累加序列	ARMA(2, 1)	左区间长度累加序列	ARIMA(1, 1, 0)
右区间长度累加序列	ARMA(2, 2)	右区间长度累加序列	ARIMA(0, 1, 5)

实验数据和预测数据见表 5-7 和表 5-8. 两者相比较, 居民价格指数的实验数据波动幅度较大, 而黄金价格的实验数据波动幅度较小. 对于居民消费价格指数, CARMA 模型的预测精度较高, 相对于没有累加处理的 ARMA 模型的预测精度提高了 1.07 个百分点. 黄金价格三元区间数序列的波动幅度较小, CARMA 模型与 ARMA 模型的预测结果相比, 没有太大差距, 只相差 0.03 个百分点. 可以看出, 对于小波动的数据, 用 ARMA 模型进行时序预测, 结果已经较令人满意. 而对于大波动的数据, 对数据进行一定的处理, 消除其随机性, 挖掘出它本来的规律才能更好地进行预测. 灰色模型中的累加生成处理就是一个消除随机性的很好的方法.

表 5-7 居民消费价格指数

日期	原始数据	ARMA模型	CARMA模型
1999-01	[98.2, 98.6, 98.8]	[99.2, 99.6, 100.0]	[95.5, 99.4, 99.9]
1999-02	[97.8, 97.8, 97.9]	[97.5, 97.9, 97.9]	[94.6, 98.6, 99.1]
1999-03	[98.6, 98.8, 99.2]	[97.1, 97.4, 97.5]	[97.6, 97.8, 97.9]
1999-04	[99.0, 99.3, 99.6]	[97.5, 97.8, 98.0]	[97.8, 98.1, 98.5]
⋮	⋮	⋮	⋮
2015-01	[101.1, 101.3, 101.4]	[100.1, 100.5, 100.8]	[99.8, 100.1, 100.5]
2015-02	[101.2, 101.4, 101.5]	[100.3, 100.8, 100.9]	[100.0, 100.4, 100.6]
2015-03	[101.6, 101.7, 102.0]	[99.7, 100.2, 100.3]	[100.6, 100.8, 100.8]
2015-04	[101.3, 101.5, 101.6]	[99.3, 99.8, 99.9]	[100.9, 100.9, 101.0]
2016-01	[101.8, 102.1, 102.3]	[99.3, 99.8, 99.9]	[101.4, 101.5, 101.5]
2016-02	[101.9, 102.1, 102.3]	[99.2, 99.8, 99.9]	[101.7, 101.8, 101.8]
平均相对误差		1.76%	0.69%

表 5-8 黄金价格预测结果

单位: 元/盎司

日期	原始数据	ARMA模型	CARMA模型
2010-08	[1174.7,1216.3,1249.4]	[1159.9,1215.9,1232.9]	[1174.7,1216.3,1227.3]
2010-09	[1239.0,1272.4,1315.2]	[1165.3,1215.0,1230.1]	[1220.3,1276.4,1293.3]
2010-10	[1309.0,1342.6,1383.9]	[1227.1,1273.2,1289.1]	[1247.4,1270.8,1284.2]
⋮	⋮	⋮	⋮
2016-01	[1063.2,1096.9,1125.7]	[1033.1,1075.2,1088.0]	[1035.0,1054.5,1058.4]
2016-02	[1115.3,1200.8,1260.8]	[1026.5,1076.5,1092.8]	[1029.8,1079.9,1095.4]
2016-03	[1210.0,1243.9,1280.7]	[1025.4,1078.7,1096.0]	[1028.9,1082.4,1099.8]
2016-04	[1209.2,1241.4,1295.5]	[1028.9,1083.7,1098.5]	[1033.8,1088.8,1103.6]
2016-05	[1199.0,1258.4,1304.4]	[1028.3,1083.8,1100.8]	[1036.6,1092.2,1107.1]
平均相对误差		11.29%	11.26%

第 6 章　基于序列转换的支持向量机预测方法

支持向量机 (support vector machines, SVM) 是一种新的机器学习算法, 在许多领域都有出色的性能. 对于小样本、非线性、局部极小点和高维模式, 它都表现出了较好的优势, 克服了维数灾难和过学习等问题. 支持向量机的基本思想是通过引入由内积函数定义的非线性映射将原样本空间映射到一个高维特征空间中, 进而在这个高维特征空间中寻求输入向量与输出向量的某种非线性关系. 支持向量机的理论基础较为完善, 模型简单, 相对于传统的神经网络基于经验风险最小化原则, 支持向量机基于结构风险最小化原则, 从而避免了许多其他方法的过学习、欠学习、高维数、非线性等问题, 具有很强的学习能力和良好的泛化性. 支持向量机集中了机器学习领域的许多技术, 其算法将求解问题最终归为一个有约束的二次凸规划问题, 求解这个二次优化问题可以应用标准二次型优化技术, 且其解是全局最优解, 通过引入核函数, 大大提高了训练的效率. 在文献 [62] 中, 作者基于区间数序列转换为实数序列的方法给出了支持向量机预测区间数序列的方法.

6.1　支持向量机回归理论

支持向量机回归问题与其他的回归问题一样, 就是求解一个回归函数. 在统计学习理论中, 就是求解使期望风险函数值最小的函数 $f \in F$ (F 是函数集), 即

$$R[f] = \int l(y - f(\boldsymbol{x})) \mathrm{d}P(\boldsymbol{x}, y), \tag{6-1}$$

其中, $l(y - f(\boldsymbol{x}))$ 为损失函数.

由于 $P(\boldsymbol{x}, y)$ 事先是未知的, 故式 (6-1) 不能求出, 而根据结构风险最小化原则, 可知 $R[f] \leqslant R_{\mathrm{emp}} + R_{\mathrm{gen}}$, 其中 R_{gen} 为 $f(\boldsymbol{x})$ 复杂度的度量, 于是 $R[f]$ 的上限可由 $R_{\mathrm{emp}} + R_{\mathrm{gen}}$ 来确定. 下面给出具体的过程.

对于给定的训练样本集

$$(\boldsymbol{x}_1, y_1),\ (\boldsymbol{x}_2, y_2),\ \cdots,\ (\boldsymbol{x}_i, y_i),\ \cdots,\ (\boldsymbol{x}_l, y_l)$$

其中 $\boldsymbol{x}_i\ (\boldsymbol{x}_i \in \mathbf{R}^n,\ i = 1, 2, \cdots, l)$ 为输入, $y_i\ (y_i \in \mathbf{R},\ i = 1, 2, \cdots, l)$ 为对应的输出, l 为样本个数.

所求的回归函数为

$$f(\boldsymbol{x}) = \boldsymbol{w}^{\mathrm{T}} \cdot \boldsymbol{\varphi}(\boldsymbol{x}) + b, \tag{6-2}$$

其中, $\boldsymbol{w} \in \mathbf{R}^n$, $\boldsymbol{w}$ 为超平面的权值向量, b 为偏置.

风险函数为

$$R_{\mathrm{reg}} = \frac{1}{2}||\boldsymbol{w}||^2 + C \cdot R_{\mathrm{emp}}^{\varepsilon}[f], \tag{6-3}$$

其中, $||\boldsymbol{w}||^2$ 为描述函数 $f(\boldsymbol{x})$ 复杂度的项, C 为常数.

不敏感损失函数为

$$L_{\varepsilon}(y, f(\boldsymbol{x})) = \begin{cases} 0, & |y - f(\boldsymbol{x})| \leqslant \varepsilon \\ |y - f(\boldsymbol{x})| - \varepsilon, & \text{否则} \end{cases} \tag{6-4}$$

式 (6-4) 意味着不惩罚偏差小于 ε 的项, 这样对式 (6-3) 最小化, 有效控制训练误差, 从而提高模型的泛化性.

原问题如下:

$$\min \frac{1}{2}\boldsymbol{w}^{\mathrm{T}} \cdot \boldsymbol{w} + C \sum_{i=1}^{l} (\xi_i + \xi_i^*) \tag{6-5}$$

约束条件为:

$$\begin{cases} y_i - [\boldsymbol{w}^{\mathrm{T}} \cdot \boldsymbol{\varphi}(\boldsymbol{x}_i) + b] \leqslant \varepsilon + \xi_i \\ [\boldsymbol{w}^{\mathrm{T}} \cdot \boldsymbol{\varphi}(\boldsymbol{x}_i) + b] - y_i \leqslant \varepsilon + \xi_i^* \\ \xi_i,\ \xi_i^* \geqslant 0,\ i = 1, 2, \cdots, l \end{cases}$$

其中, ξ_i 和 ξ_i^* 为松弛变量, 分别表示训练误差的上界和下界; 常数 C 为惩罚因子, 常数 C 取值越大, 模型的拟合效果越好, 反之越低; ε 为模型允许的最大误差, 一般越小越好.

为求解式 (6-5), 建立拉格朗日函数如下:

$$L = \frac{1}{2}\boldsymbol{w}^{\mathrm{T}} \cdot \boldsymbol{w} + C\sum_{i=1}^{l}(\xi_i + \xi_i^*) - \sum_{i=1}^{l} a_i(\xi_i + \varepsilon - y_i + \boldsymbol{w}^{\mathrm{T}} \cdot \boldsymbol{\varphi}(\boldsymbol{x}_i) + b) -$$
$$\sum_{i=1}^{l} a_i^*(\xi_i^* + \varepsilon + y_i - \boldsymbol{w}^{\mathrm{T}} \cdot \boldsymbol{\varphi}(\boldsymbol{x}_i) - b) - \sum_{i=1}^{l}(\eta_i \xi_i + \eta_i^* \xi_i^*). \tag{6-6}$$

由 KKT 条件可得:

$$\begin{cases} \boldsymbol{w} = \sum\limits_{i=1}^{l}(a_i - a_i^*)\boldsymbol{\varphi}(\boldsymbol{x}_i) \\ 0 \leqslant a_i, a_i^* \leqslant C, i = 1, 2, \cdots, l \\ \sum\limits_{i=1}^{l}(a_i - a_i^*) = 0 \end{cases}$$

原问题的对偶问题为:

$$\max_{a_i, a_i^*} W(a_i, a_i^*) = -\frac{1}{2}\sum_{i,j=1}^{l}(a_i - a_i^*)(a_j - a_j^*)\boldsymbol{\varphi}(\boldsymbol{x}_i)^{\mathrm{T}} \cdot \boldsymbol{\varphi}(\boldsymbol{x}_j) -$$
$$\varepsilon\sum_{i=1}^{l}(a_i + a_i^*) + \sum_{i=1}^{l} y_i(a_i - a_i^*). \tag{6-7}$$

约束条件为:

$$\begin{cases} 0 \leqslant a_i \leqslant C \\ \sum\limits_{i=1}^{l}(a_i - a_i^*) = 0 \\ 0 \leqslant a_i^* \leqslant C \end{cases}$$

在这里, 引入核函数 $K(\boldsymbol{x}_i, \boldsymbol{x}_j) = \boldsymbol{\varphi}(\boldsymbol{x}_i)^{\mathrm{T}} \cdot \boldsymbol{\varphi}(\boldsymbol{x}_j)$, 简化了计算, 降低了复杂度, 而内积就是核函数.

由对偶问题可求得 a_i 和 a_i^*, 于是 b 可由下式求得:

$$b = -\frac{1}{2}\sum_{i=1}^{l}(a_i - a_i^*)[(\boldsymbol{x}_i, \boldsymbol{x}_s) + (\boldsymbol{x}_i, \boldsymbol{x}_t)], \tag{6-8}$$

其中, $\boldsymbol{x}_s$, $\boldsymbol{x}_t$ 为 任意的非支持向量. 这样, 由式 (6-2) 就可得到回归函数为:

$$f(\boldsymbol{x}) = \sum_{i=1}^{l}(a_i - a_i^*)K(\boldsymbol{x}, \boldsymbol{x}_i) + b. \tag{6-9}$$

可以看出, 支持向量机回归通过误差函数和惩罚因子的有效控制, 避免了过学习和欠学习, 同时其求解过程是将原问题转化为对偶问题来求解, 由优化理论可知, 解不是局部极小解而是全局最优解; 同时引入核函数, 大大简化了计算, 缩短了训练时间. 对于特征空间也不需要知道它的具体的维数, 这种处理方法避免了可能的维数灾难, 降低了计算复杂度. 因此, 支持向量机在处理回归问题时更为有效.

6.2 核 函 数

在对偶最优问题出现内积的地方, 通过引入核函数, 在一定程度上解决了非线性可分问题, 同时也避免了可能的维数灾难问题. 在支持向量机中, 核函数是一个重要的部分, 它在没有增加计算复杂度的前提下, 使智能学习在高维空间中成为可能.

对于给定的样本数据集:

$$(\boldsymbol{x}_1, y_1), (\boldsymbol{x}_2, y_2), \cdots, (\boldsymbol{x}_l, y_l), \ \boldsymbol{x}_i \in \mathbf{R}^n, \ y_i \in \mathbf{R}, \ i = 1, 2, \cdots, l$$

假设存在一个变换 $\boldsymbol{\varphi}$, 满足如下关系:

$$\mathbf{R}^n \to H : \boldsymbol{x}_i \to \boldsymbol{\varphi}(\boldsymbol{x}_i)$$

同时在输入空间中存在函数 $K(\boldsymbol{x}_i, \boldsymbol{x}_j)$, 使得 $K(\boldsymbol{x}_i, \boldsymbol{x}_j) = \boldsymbol{\varphi}(\boldsymbol{x}_i)^{\mathrm{T}} \cdot \boldsymbol{\varphi}(\boldsymbol{x}_j)$ 成立, 则称 K 为核函数. 核函数定义了之后, 可以不用明确地定义映射函数, 就能计算两个向量在高维特征空间中的内积, 而且复杂度低, 这种处理方式对于高维空间是适用的. 对于核函数的判定采用如下方法[63].

定义 6.1 对于一个数据集 $\{x^{(1)}, x^{(2)}, \cdots, x^{(m)}\}$, 定义一个 $m \times m$ 的矩阵 $\boldsymbol{K}$, 如果 $\boldsymbol{K}$ 中的每个元素满足 $K_{ij} = K(x^{(i)}, x^{(j)})$, 则称矩阵 $\boldsymbol{K}$ 为核矩阵.

核矩阵有性质如下:

(1) 核矩阵 $\boldsymbol{K}$ 是对称矩阵, 即 $K_{ij} = K_{ji}$.

(2) 核矩阵 $\boldsymbol{K}$ 是半正定矩阵.

常见的几种核函数如下:

(1) 线性核函数: $K(x, x_i) = x \cdot x_i$;

(2) 多项式核函数: $K(x, x_i) = [(x, x_i) + c]^d$;

(3) 高斯径向基核函数(radial basic function, RBF):

$$K(x, x_i) = \exp(-\frac{||x - x_i||^2}{\sigma^2});$$

(4) 全子集核函数: $\phi : x \mapsto (\phi_A(x))_{A \subseteq \{1, 2, \cdots, n\}}$, 其中, $\phi_A(x) = \prod_{i=A} x_i$;

(5) sigmoid核函数: $K(x, x_i) = \tanh[k(x, x_i) + \theta]$;

(6) 傅立叶核函数: 两种形式分别为

$$K(x, x_i) = \frac{1 - q^2}{2[1 - 2q \cos(x - x_i) + q^2]}, \quad K(x, x_i) = \frac{\pi}{2x_i} \times \frac{\cosh(\frac{\pi - |x - x_i|}{x_i})}{\sinh(\frac{\pi}{x_i})}.$$

不同的核函数有不同的特点、不同的适用范围, 根据不同的实际情况选择核函数常常能简化计算, 提高模型的训练效率.

支持向量机的参数主要包括惩罚因子 C、损失函数参数 ε、核函数参数. 无论是支持向量机分类问题还是回归预测问题, 参数的确定都是一大难点. 接下来简要介绍几种方法:

(1) 经验法. 在支持向量机发展的初期, 经验法是最常用到的方法之一, 根据以往经验, 对一些参数给定初值, 然后基于数据的训练集对模型进行训练, 从而调整参数. 经过大量的实际应用表明, 通过该方法得到的参数一般能满足实验的需求[64, 65, 66].

(2) 实验法. 通过对数据进行不断的实验, 一部分数据作为训练集, 进行支持向量机模型的训练, 另一部分数据作为测试集, 验证训练模型的泛化能力. 通过反复大量实验, 更改实验参数, 选择效果最好的一组作为最后的参数. 实验法要经过多次实验, 工作量较大, 过程繁杂[67, 68].

(3) 智能方法. 随着智能技术的发展, 将智能方法用于支持向量机参数的选择的应用也越来越受到重视. 相比于传统的试凑法、经验法, 智能方法更加高效、准确. 目前智能方法在支持向量机参数选取中得到了广泛的应用[69, 70, 71].

6.3　区间数序列的转换过程

设三元区间数序列为 $X = \{\tilde{x}(1),\ \tilde{x}(2),\ \cdots,\ \tilde{x}(n)\}$, 其中第 i 个三元区间数为 $\tilde{x}(i) = [x_{\mathrm{L}}(i), x_{\mathrm{M}}(i), x_{\mathrm{U}}(i)]$, $i = 1,\ 2,\ \cdots,\ n$. 将三元区间数序列转换为三个精确数序列, 即重心序列、中点序列和区间半径序列:

$$f(i) = \frac{x_{\mathrm{L}}(i) + x_{\mathrm{M}}(i) + x_{\mathrm{U}}(i)}{3},\ x_{\mathrm{M}}(i),\ r(i) = \frac{x_{\mathrm{U}}(i) - x_{\mathrm{L}}(i)}{2}.$$

三元区间数序列的还原公式为:

$$\begin{cases} x_{\mathrm{L}}(i) = \dfrac{3f(i) - x_{\mathrm{M}}(i) - 2r(i)}{2} \\ x_{\mathrm{M}}(i) = x_{\mathrm{M}}(i) \\ x_{\mathrm{U}}(i) = \dfrac{3f(i) - x_{\mathrm{M}}(i) + 2r(i)}{2} \end{cases}$$

跟二元区间数一样, 首先运用支持向量机预测三个精确数序列: 重心序列、中点序列和区间半径序列, 然后通过还原公式得到三元区间数序列的预测值.

6.4　实 例 分 析

例 6-1 选取 2014 年 10 月 1 日至 2014 年 12 月 2 日美元指数每日的最小值和最大值作为二元区间数的下界点和上界点, 构造二元区间数原始序列, 共 48 天的数据作为样本集. 通过使用 2014 年 10 月 1 日至 2014 年 11 月 28 日的数据建立回归预测模型, 进而预测接下来三天的美元指数. 首先, 将原始序列转换成中点序列和长度序列两个精确数序列, 对这两个精确数序列分别建立支持向量机回归模型. 设嵌入维数为 7, 此时 48 个样本数变为 41 个.

支持向量机模型建立后, 对其进行训练, 参数的选择是一大难点, 只有选择合理的参数才能提高模型的精度以及泛化性. 根据经验定参方法, 通过反复试验, 最终选择高斯核函数: $K(x_i, x_j) = \exp(-\gamma \|x_i - x_j\|^2)$. 最终中点序列的参数取值为: $C = 8.9824, \gamma = 0.3626, \varepsilon = 0.001$. 长度序列的参数取值为: $C = 18.4798, \gamma = 0.5801, \varepsilon = 0.01$. 通过还原公式得到美元指数的预测值, 现将结果列入表 6-1. 由预测结果

可以看出, 预测值的相对误差很小, 预测的精度很高. 为了对比本书模型的预测效果, 同时运用 ARMA 模型进行预测, 结果如表 6-2 所示. 从表 6-1 和表 6-2 的预测结果可以看到, SVM 模型的预测精度高于 ARMA 模型, SVM 模型的平均相对误差只有 0.1854%, 预测精度很高. 这说明对于波动性较大的序列, 支持向量机模型的效果更好.

表 6-1 美元指数的 SVM 模型预测结果

日期	原始数据	预测值	相对误差
2014-11-29	[88.33, 88.46]	[88.2904, 88.4722]	0.0448%, 0.0138%
2014-11-30	[87.81, 88.50]	[87.9405, 88.5293]	0.1486%, 0.0331%
2014-12-01	[88.00,88.73]	[87.6583, 88.3009]	0.3882%, 0.4836%
平均相对误差			0.1854%

表 6-2 美元指数的 ARMA 模型预测结果

日期	原始数据	预测值	相对误差
2014-11-29	[88.33, 88.46]	[87.6325, 89.8639]	0.7897%, 1.5870%
2014-11-30	[87.81, 88.50]	[86.2973, 90.0728]	1.7227%, 1.7770%
2014-12-01	[88.00, 88.73]	[87.2386, 91.6984]	0.8652%, 3.3454%
平均相对误差			1.6812%

例 6-2 居民消费价格指数 (CPI) 反映了人们的购买力水平, 是一个重要的经济指标, 国家统计局每个月统计一次. 选取 1990 年到 2013 年的数据作为支持向量机的训练样本, 以每年 12 个月的统计量的最小值、平均值、最大值分别作为三元区间数的下界点、中界点、上界点, 构造原始三元区间数序列. 通过使用 1990 年至 2011 年的数据建立支持向量机模型, 进而预测 2012 年和 2013 年居民消费价格指数的最小值、平均值、最大值.

将原始区间数序列转换成三个精确数序列, 然后对精确数序列分别建立支持向量机回归模型, 设嵌入维数为 4, 此时 24 个样本数变为 20 个. 根据经验定参方法, 通过反复试验, 最终区间半径序列的参数为 $C = 4.6828$, $\gamma = 8.0664$, $\varepsilon = 0.0001$. 重

心序列的参数为 $C = 5.0875, \gamma = 1.6421, \varepsilon = 0.0001$. 中点序列的参数为 $C = 8.8020$, $\gamma = 1.2882, \varepsilon = 0.0001$. 预测值结果如表 6-3 所示. 为了比较, 灰色模型预测结果如表 6-4 所示. 可以看出 SVM 模型的相对误差比较小, 预测精度较高.

表 6-3 居民消费指数的 SVM 模型预测结果

年	原始数据	预测值	相对误差
2012	[101.70, 102.60, 104.50]	[100.49, 103.06, 104.44]	1.19%, 0.45%, 0.06%
2013	[102.00, 102.60, 103.20]	[100.37, 102.66, 104.34]	1.60%, 0.06%, 1.11%
平均相对误差			0.75%

表 6-4 居民消费指数的 GM(1, 1) 预测结果

年	原始数据	预测值	相对误差
2012	[101.70, 102.60, 104.50]	[103.98, 104.27, 105.05]	2.25%, 1.63%, 0.53%
2013	[102.00, 102.60, 103.20]	[104.35, 104.64, 105.42]	2.30%, 1.98%, 2.15%
平均相对误差			1.81%

第 7 章   基于整体发展系数的区间数 GM(1, 1)

基于序列转换实现了 GM(1, 1) 对区间数序列的预测, 但是这种转换方法并没有在实质上改变 GM(1, 1) 只适用于精确数序列的性质. 本章将通过改进模型的参数取值形式, 实现对二元及三元区间数序列的预测, 不需将区间数序列转换成精确数序列.

GM(1, 1) 包含两个参数: 发展系数和灰作用量. 发展系数反映序列的发展趋势, 本书将发展系数依然取为精确数, 取值是区间数各界点序列的发展系数的加权平均值, 这样能反映各界点序列的整体发展趋势, 保持了区间数的整体性. 灰作用量是对系统的灰信息覆盖, 在这里取为与原始区间数相同类型的区间数, 符合其作用内涵. 经过此参数转换, GM(1, 1) 即可直接适用于区间数序列预测.

7.1   BIGM(1, 1) 建模过程

7.1.1   整体发展系数的确定

设原始二元区间数序列为: $X^{(0)} = \{\tilde{x}^{(0)}(1), \tilde{x}^{(0)}(2), \cdots, \tilde{x}^{(0)}(n)\}$, 其中

$$\tilde{x}^{(0)}(i) = [x_{\mathrm{L}}^{(0)}(i), x_{\mathrm{U}}^{(0)}(i)], \ i = 1, 2, \cdots, n.$$

原始序列的一次累加生成序列为:

$$X^{(1)} = \{\tilde{x}^{(1)}(1), \tilde{x}^{(1)}(2), \cdots, \tilde{x}^{(1)}(n)\},$$

其中

$$\tilde{x}^{(1)}(i) = \sum_{k=1}^{i} \tilde{x}^{(0)}(k) = [\sum_{k=1}^{i} x_{\mathrm{L}}^{(0)}(k), \sum_{k=1}^{i} x_{\mathrm{U}}^{(0)}(k)] = [x_{\mathrm{L}}^{(1)}(i), x_{\mathrm{U}}^{(1)}(i)],$$
$$i = 1, 2, \cdots, n. \tag{7-1}$$

一次累加生成序列的白化背景值序列为:

$$
\begin{aligned}
\tilde{z}^{(1)}(i) &= 0.5[\tilde{x}^{(1)}(i-1) + \tilde{x}^{(1)}(i)] \\
&= [0.5(x_{\mathrm{L}}^{(1)}(i-1) + x_{\mathrm{L}}^{(1)}(i)), 0.5(x_{\mathrm{U}}^{(1)}(i-1) + x_{\mathrm{U}}^{(1)}(i))] \\
&= [0.5(\sum_{k=1}^{i-1} x_{\mathrm{L}}^{(0)}(k) + \sum_{k=1}^{i} x_{\mathrm{L}}^{(0)}(k)), 0.5(\sum_{k=1}^{i-1} x_{\mathrm{U}}^{(0)}(k) + \sum_{k=1}^{i} x_{\mathrm{U}}^{(0)}(k))] \\
&= [z_{\mathrm{L}}^{(1)}(i), z_{\mathrm{U}}^{(1)}(i)], \quad i = 2, 3, \cdots, n.
\end{aligned} \tag{7-2}
$$

下面基于累积法分别求出二元区间数下、上界点序列的 GM(1, 1) 的发展系数 a_{L}、a_{U}. GM(1, 1) 的定义型方程为:

$$
x^{(0)}(i) + az^{(1)}(i) = b, \ i = 2, 3, \cdots, n. \tag{7-3}
$$

分别基于下、上界点序列, 对定义型方程两边做一阶、二阶累积和, 得到下列两个方程组:

$$
\mathrm{I}: \begin{cases} \sum_{i=2}^{n} {}^{(1)}x_{\mathrm{L}}^{(0)}(i) + a_{\mathrm{L}} \sum_{i=2}^{n} {}^{(1)}z_{\mathrm{L}}^{(1)}(i) = b_{\mathrm{L}} \sum_{i=2}^{n} {}^{(1)}, \\ \sum_{i=2}^{n} {}^{(2)}x_{\mathrm{L}}^{(0)}(i) + a_{\mathrm{L}} \sum_{i=2}^{n} {}^{(2)}z_{\mathrm{L}}^{(1)}(i) = b_{\mathrm{L}} \sum_{i=2}^{n} {}^{(2)}. \end{cases}
$$

$$
\mathrm{II}: \begin{cases} \sum_{i=2}^{n} {}^{(1)}x_{\mathrm{U}}^{(0)}(i) + a_{\mathrm{U}} \sum_{i=2}^{n} {}^{(1)}z_{\mathrm{U}}^{(1)}(i) = b_{\mathrm{U}} \sum_{i=2}^{n} {}^{(1)}, \\ \sum_{i=2}^{n} {}^{(2)}x_{\mathrm{U}}^{(0)}(i) + a_{\mathrm{U}} \sum_{i=2}^{n} {}^{(2)}z_{\mathrm{U}}^{(1)}(i) = b_{\mathrm{U}} \sum_{i=2}^{n} {}^{(2)}. \end{cases}
$$

得参数估计为

$$
\begin{bmatrix} a_{\mathrm{L}} \\ b_{\mathrm{L}} \end{bmatrix} = \boldsymbol{X}_{\mathrm{L}}^{-1}\boldsymbol{Y}_{\mathrm{L}}, \quad \begin{bmatrix} a_{\mathrm{U}} \\ b_{\mathrm{U}} \end{bmatrix} = \boldsymbol{X}_{\mathrm{U}}^{-1}\boldsymbol{Y}_{\mathrm{U}}, \tag{7-4}
$$

其中

$$
\boldsymbol{X}_{\mathrm{L}} = \begin{bmatrix} \sum_{i=2}^{n} {}^{(1)}z_{\mathrm{L}}^{(1)}(i) & -\sum_{i=2}^{n} {}^{(1)} \\ \sum_{i=2}^{n} {}^{(2)}z_{\mathrm{L}}^{(1)}(i) & -\sum_{i=2}^{n} {}^{(2)} \end{bmatrix}, \ \boldsymbol{Y}_{\mathrm{L}} = \begin{bmatrix} -\sum_{i=2}^{n} {}^{(1)}x_{\mathrm{L}}^{(0)}(i) \\ -\sum_{i=2}^{n} {}^{(2)}x_{\mathrm{L}}^{(0)}(i) \end{bmatrix},
$$

$$
\boldsymbol{X}_{\mathrm{U}} = \begin{bmatrix} \sum_{i=2}^{n} {}^{(1)}z_{\mathrm{U}}^{(1)}(i) & -\sum_{i=2}^{n} {}^{(1)} \\ \sum_{i=2}^{n} {}^{(2)}z_{\mathrm{U}}^{(1)}(i) & -\sum_{i=2}^{n} {}^{(2)} \end{bmatrix}, \ \boldsymbol{Y}_{\mathrm{U}} = \begin{bmatrix} -\sum_{i=2}^{n} {}^{(1)}x_{\mathrm{U}}^{(0)}(i) \\ -\sum_{i=2}^{n} {}^{(2)}x_{\mathrm{U}}^{(0)}(i) \end{bmatrix},
$$

$$
\sum_{i=2}^{n} {}^{(1)}z_{\mathrm{L}}^{(1)}(i) = \sum_{i=2}^{n} z_{\mathrm{L}}^{(1)}(i), \ \sum_{i=2}^{n} {}^{(2)}z_{\mathrm{L}}^{(1)}(i) = \sum_{i=2}^{n} \mathrm{C}_{n-i+1}^{1}z_{\mathrm{L}}^{(1)}(i) = \sum_{i=2}^{n} (n-i+1)z_{\mathrm{L}}^{(1)}(i),
$$

$$\sum_{i=2}^{n}{}^{(1)}z_{\mathrm{U}}^{(1)}(i) = \sum_{i=2}^{n}z_{\mathrm{U}}^{(1)}(i), \quad \sum_{i=2}^{n}{}^{(2)}z_{\mathrm{U}}^{(1)}(i) = \sum_{i=2}^{n}\mathrm{C}_{n-i+1}^{1}z_{\mathrm{U}}^{(1)}(i) = \sum_{i=2}^{n}(n-i+1)z_{\mathrm{U}}^{(1)}(i),$$

$$\sum_{i=2}^{n}{}^{(1)}x_{\mathrm{L}}^{(0)}(i) = \sum_{i=2}^{n}x_{\mathrm{L}}^{(0)}(i), \quad \sum_{i=2}^{n}{}^{(2)}x_{\mathrm{L}}^{(0)}(i) = \sum_{i=2}^{n}\mathrm{C}_{n-i+1}^{1}x_{\mathrm{L}}^{(0)}(i) = \sum_{i=2}^{n}(n-i+1)x_{\mathrm{L}}^{(0)}(i),$$

$$\sum_{i=2}^{n}{}^{(1)}x_{\mathrm{U}}^{(0)}(i) = \sum_{i=2}^{n}x_{\mathrm{U}}^{(0)}(i), \quad \sum_{i=2}^{n}{}^{(2)}x_{\mathrm{U}}^{(0)}(i) = \sum_{i=2}^{n}\mathrm{C}_{n-i+1}^{1}x_{\mathrm{U}}^{(0)}(i) = \sum_{i=2}^{n}(n-i+1)x_{\mathrm{U}}^{(0)}(i),$$

$$\sum_{i=2}^{n}{}^{(1)} = \mathrm{C}_{n}^{1} - 1 = n-1, \quad \sum_{i=2}^{n}{}^{(2)} = \mathrm{C}_{n+2-1}^{2} - n = \frac{n(n+1)}{2} - n = \frac{n(n-1)}{2}.$$

现取二元区间数 GM(1, 1) (BIGM(1, 1)) 的整体发展系数 a 的估计值为 a_{L} 与 a_{U} 的加权平均值, 即

$$a = (1-\beta)a_{\mathrm{L}} + \beta a_{\mathrm{U}}, \tag{7-5}$$

其中, 若决策者偏好于区间数上限的发展态势, 则取 $1 > \beta > 0.5$; 若决策者偏好于区间数下限的发展态势, 则取 $0 < \beta < 0.5$. 一般可取 $\beta = 0.5$.

注: BIGM(1, 1) 的整体发展系数 a 取为区间数下、上界点序列的发展系数的加权平均值, 能够反映区间数序列的整体发展趋势. 下、上界点序列的预测都将采用此整体发展系数, 而不采用各自的发展系数. 因为当下、上界点序列的发展趋势相差较大时, 分别用各自的发展系数, 势必导致预测中下、上界点的错乱.

7.1.2 灰作用量的确定

下面基于累积法确定模型的灰作用量. 灰作用量是对系统的灰信息覆盖, 由下、上界点序列和整体发展系数同时确定.

GM(1, 1) 的定义型方程为 $x^{(0)}(i) + az^{(1)}(i) = b$, $i = 2, 3, \cdots, n$. 当整体发展系数 a 确定后, 方程只余一个未知参数, 所以只需对方程两边做一阶累积和, 分别

代入区间数的下、上界点序列后, 得到

$$\sum_{i=2}^{n} {}^{(1)}x_{\mathrm{L}}^{(0)}(i) + a \sum_{i=2}^{n} {}^{(1)}z_{\mathrm{L}}^{(1)}(i) = b_{\mathrm{L}}' \sum_{i=2}^{n} {}^{(1)}, \tag{7-6}$$

$$\sum_{i=2}^{n} {}^{(1)}x_{\mathrm{U}}^{(0)}(i) + a \sum_{i=2}^{n} {}^{(1)}z_{\mathrm{U}}^{(1)}(i) = b_{\mathrm{U}}' \sum_{i=2}^{n} {}^{(1)}. \tag{7-7}$$

由式 (7-6)、式 (7-7) 得到

$$b_{\mathrm{L}}' = \frac{\sum_{i=2}^{n} {}^{(1)}x_{\mathrm{L}}^{(0)}(i) + a \sum_{i=2}^{n} {}^{(1)}z_{\mathrm{L}}^{(1)}(i)}{\sum_{i=2}^{n} {}^{(1)}} = \frac{\sum_{i=2}^{n} x_{\mathrm{L}}^{(0)}(i) + a \sum_{i=2}^{n} z_{\mathrm{L}}^{(1)}(i)}{n-1}, \tag{7-8}$$

$$b_{\mathrm{U}}' = \frac{\sum_{i=2}^{n} {}^{(1)}x_{\mathrm{U}}^{(0)}(i) + a \sum_{i=2}^{n} {}^{(1)}z_{\mathrm{U}}^{(1)}(i)}{\sum_{i=2}^{n} {}^{(1)}} = \frac{\sum_{i=2}^{n} x_{\mathrm{U}}^{(0)}(i) + a \sum_{i=2}^{n} z_{\mathrm{U}}^{(1)}(i)}{n-1}. \tag{7-9}$$

这样, BIGM(1, 1) 的灰作用量确定为 $\tilde{b} = [b_{\mathrm{L}}', b_{\mathrm{U}}']$.

注: 这里的 b_{L}'、b_{U}' 不同于式 (7-4) 中的 b_{L}、b_{U}, 而是基于整体发展系数 a 做的修正.

7.1.3 预测公式

下面给出 BIGM(1, 1) 的内涵型预测公式, 其推导过程参照定理 3.1.

定理 7.1 BIGM(1, 1) 的内涵型预测公式为

$$\hat{x}_{\mathrm{L}}^{(0)}(i) = \frac{2(2-a)^{i-2}[b_{\mathrm{L}}' - ax_{\mathrm{L}}^{(0)}(1)]}{(2+a)^{i-1}}, \quad \hat{x}_{\mathrm{U}}^{(0)}(i) = \frac{2(2-a)^{i-2}[b_{\mathrm{U}}' - ax_{\mathrm{U}}^{(0)}(1)]}{(2+a)^{i-1}},$$
$$i = 2, 3, \cdots, n \tag{7-10}$$

定理 7.2 BIGM(1, 1) 的内涵型预测公式满足: $\hat{x}_{\mathrm{L}}^{(0)}(i) \leqslant \hat{x}_{\mathrm{U}}^{(0)}(i)$.

证明 因为 GM(1, 1) 的发展系数的界区为 $a \in (\frac{-2}{n+1}, \frac{2}{n+1})$, 其中 n 为原始建模数据的个数, 所以

$$\frac{2(2-a)^{i-2}}{(2+a)^{i-1}} > 0, \ i = 2, 3, \cdots, n$$

现在比较 $b'_{\mathrm{L}} - ax^{(0)}_{\mathrm{L}}(1)$ 与 $b'_{\mathrm{U}} - ax^{(0)}_{\mathrm{U}}(1)$, 由式 (7-8)、式 (7-9) 可得:

$$b'_{\mathrm{L}} - ax^{(0)}_{\mathrm{L}}(1) = \frac{\sum\limits_{i=2}^{n} x^{(0)}_{\mathrm{L}}(i) + a \sum\limits_{i=2}^{n} z^{(1)}_{\mathrm{L}}(i) - a(n-1)x^{(0)}_{\mathrm{L}}(1)}{n-1}, \tag{7-11}$$

$$b'_{\mathrm{U}} - ax^{(0)}_{\mathrm{U}}(1) = \frac{\sum\limits_{i=2}^{n} x^{(0)}_{\mathrm{U}}(i) + a \sum\limits_{i=2}^{n} z^{(1)}_{\mathrm{U}}(i) - a(n-1)x^{(0)}_{\mathrm{U}}(1)}{n-1}. \tag{7-12}$$

又因为 $z^{(1)}_{\mathrm{L}}(i) = 0.5[x^{(1)}_{\mathrm{L}}(i-1)+x^{(1)}_{\mathrm{L}}(i)] = 0.5[\sum\limits_{k=1}^{i-1} x^{(0)}_{\mathrm{L}}(k)+\sum\limits_{k=1}^{i} x^{(0)}_{\mathrm{L}}(k)]$, $i = 2,\, 3,\, \cdots,\, n$, 所以

$$\begin{aligned}
\sum_{i=2}^{n} z^{(1)}_{\mathrm{L}}(i) - (n-1)x^{(0)}_{\mathrm{L}}(1) &= 0.5 \sum_{i=2}^{n} [(\sum_{k=2}^{i-1} x^{(0)}_{\mathrm{L}}(k) + \sum_{k=2}^{i} x^{(0)}_{\mathrm{L}}(k))] \\
&= 0.5[\sum_{i=3}^{n} \sum_{k=2}^{i-1} x^{(0)}_{\mathrm{L}}(k) + \sum_{i=2}^{n} \sum_{k=2}^{i} x^{(0)}_{\mathrm{L}}(k)].
\end{aligned} \tag{7-13}$$

同样,

$$\sum_{i=2}^{n} z^{(1)}_{\mathrm{U}}(i) - (n-1)x^{(0)}_{\mathrm{U}}(1) = 0.5[\sum_{i=3}^{n} \sum_{k=2}^{i-1} x^{(0)}_{\mathrm{U}}(k) + \sum_{i=2}^{n} \sum_{k=2}^{i} x^{(0)}_{\mathrm{U}}(k)]. \tag{7-14}$$

当 $0 \leqslant a < 2$ 时, 因为 $x^{(0)}_{\mathrm{L}}(i) \leqslant x^{(0)}_{\mathrm{U}}(i)$, 则有 $\sum\limits_{i=2}^{n} x^{(0)}_{\mathrm{L}}(i) \leqslant \sum\limits_{i=2}^{n} x^{(0)}_{\mathrm{U}}(i)$, 并且由式 (7-13)、式 (7-13) 得:

$$\sum_{i=2}^{n} z^{(1)}_{\mathrm{L}}(i) - (n-1)x^{(0)}_{\mathrm{L}}(1) \leqslant \sum_{i=2}^{n} z^{(1)}_{\mathrm{U}}(i) - (n-1)x^{(0)}_{\mathrm{U}}(1).$$

所以, 由式 (7-11)、式 (7-12) 得:

$$\hat{x}^{(0)}_{\mathrm{L}}(i) \leqslant \hat{x}^{(0)}_{\mathrm{U}}(i).$$

当 $-2 < a < 0$ 时,

$$\begin{aligned}
\hat{x}^{(0)}_{\mathrm{U}}(i) - \hat{x}^{(0)}_{\mathrm{L}}(i) &= \frac{2(2-a)^{i-2}}{(2+a)^{i-1}} [(b'_{\mathrm{U}} - ax^{(0)}_{\mathrm{U}}(1)) - (b'_{\mathrm{L}} - ax^{(0)}_{\mathrm{L}}(1))] \\
&= \frac{2(2-a)^{i-2}}{(2+a)^{i-1}} [(b'_{\mathrm{U}} - b'_{\mathrm{L}}) - a(x^{(0)}_{\mathrm{U}}(1) - x^{(0)}_{\mathrm{L}}(1))].
\end{aligned} \tag{7-15}$$

则 $\hat{x}^{(0)}_{\mathrm{U}}(i) - \hat{x}^{(0)}_{\mathrm{L}}(i) \geqslant 0$, 所以也有

$$\hat{x}^{(0)}_{\mathrm{L}}(i) \leqslant \hat{x}^{(0)}_{\mathrm{U}}(i).$$

所以得证 BIGM(1, 1) 的内涵型预测公式 (7-10), 保证了预测区间的下、上界点位置不会错乱.

最后给出 BIGM(1, 1) 的预测步骤:

(1) 由式 (7-1) 计算序列的一次累加序列;

(2) 由式 (7-2) 计算白化背景值序列;

(3) 由式 (7-4)、式 (7-5) 得整体发展系数;

(4) 由式 (7-8)、式 (7-9) 得灰作用量的估计值;

(5) 由式 (7-10) 得预测区间的下、上界点.

7.2 BIGM(1, 1) 的应用实例

从 1998 年至 2002 年, 某地区的某种能源价格 (千元 / t) 变动序列为:

$$[1.05, 1.09],\ [1.05, 1.10],\ [1.09, 1.15],\ [1.10, 1.20],\ [1.15, 1.25].$$

此数据来源于文献 [72]. 现在运用本章提出的 BIGM(1, 1) 对该序列进行预测, 预测步骤如下:

(1) 对原始数据做一次累加生成, 得一次累加生成序列为:

$$X^{(1)} = \{\tilde{x}^{(1)}(1), \tilde{x}^{(1)}(2), \cdots, \tilde{x}^{(1)}(5)\}$$

$$= \{[1.05, 1.09], [2.10, 2.19], [3.19, 3.34], [4.29, 4.54], [5.44, 5.79]\}.$$

(2) 对一次累加生成序列做均值生成得白化背景值序列:

$$\{\tilde{z}^{(1)}(2), \tilde{z}^{(1)}(3), \cdots, \tilde{z}^{(1)}(5)\} = \{[1.575, 1.64], [2.645, 2.765], [3.74, 3.94],$$

$$[4.865, 5.165]\}.$$

(3) 由式 (7-4) 得下、上界点序列的参数估计分别为:

$$\begin{bmatrix} a_{\mathrm{L}} \\ b_{\mathrm{L}} \end{bmatrix} = \begin{bmatrix} -0.0283 \\ 1.0069 \end{bmatrix}, \quad \begin{bmatrix} a_{\mathrm{U}} \\ b_{\mathrm{U}} \end{bmatrix} = \begin{bmatrix} -0.0426 \\ 1.0313 \end{bmatrix}.$$

则由式 (7-5): $a = (1 - \beta)a_{\mathrm{L}} + \beta a_{\mathrm{U}}$, 其中, 取 $\beta = 0.5$, 得整体发展系数为:

$$a = -0.0354.$$

(4) 由式 (7-8)、式 (7-9) 得下、上界点序列的灰作用量估计为:

$$b'_{\mathrm{L}} = 0.9840, \quad b'_{\mathrm{U}} = 1.0554.$$

(5) 由预测公式 (7-10), 得模型的拟合区间序列.

现将结果列入表 7-1 中, 并将文献 [72]中的基于区间灰数列的 GM(1, 1) (GM-BIGN(1, 1)) 的拟合结果也列入表 7-1 中. 本书的 BIGM(1, 1) 的平均相对误差为0.88%, 小于文献 [72]中的 GMBIGN(1, 1) 的平均相对误差: 2.52%. 另外, GM-BIGN(1, 1) 是先将区间数序列转换为精确数序列, 没有在实质上改变 GM(1, 1) 的只适用于精确数序列的特性. 下面将此例采用第 6 章基于序列转换的方法进行预测, 结果见表 7-2, 可以看出基于序列转换的方法比本章基于整体发展系数的方法的预测精度略高. 由建模机理分析得, 这是因为基于序列转换的预测结果同时与两个转换序列的发展系数有关, 而基于整体发展系数的方法中, 两个界点序列的预测公式共用相同的整体发展系数, 这样虽然考虑了区间数序列的整体趋势, 却弱化了两个界点序列各自的发展趋势. 但是, 基于参数转换的方法不需要先将区间数序列转换为精确数序列. 为了进一步提高基于参数转换的 BIGM(1, 1) 的预测精度, 下面将继续对其进行改进.

表 7-1　BIGM(1, 1) 拟合结果

单位:千元/t

BIGM(1,1)拟合值	相对误差/%	GMBIGN(1,1)拟合值	相对误差/%
[1.05, 1.09]	0	[1.05, 1.09]	0
[1.0628, 1.0892]	1, 1.25	[1.1025, 1.1952]	4.45, 4.66
[1.1011, 1.1285]	1.19, 0.34	[1.1034, 1.2002]	0.85, 0.9
[1.1408, 1.1692]	1.44, 0.38	[1.1043, 1.2062]	0.58, 0.64
[1.1819, 1.2113]	0.53, 0.92	[1.1052, 1.2122]	3.87, 4.21
平均相对误差/%	0.88		2.52

表 7-2 BIGM(1, 1)与基于序列转换的 GM(1, 1) 的结果比较

单位:千元/t

BIGM(1,1)拟合值	相对误差/%	第 3 章模型拟合值	相对误差/%
[1.05, 1.09]	0	[1.05, 1.09]	0
[1.0628, 1.0892]	1, 1.25	[1.0502, 1.1022]	0.0184, 0.2
[1.1011, 1.1285]	1.19, 0.34	[1.0821, 1.1485]	0.72, 0.13
[1.1408, 1.1692]	1.44, 0.38	[1.1135, 1.1981]	1.22, 0.16
[1.1819, 1.2113]	0.53, 0.92	[1.1438, 1.2517]	0.54, 0.14
平均相对误差/%	0.88		0.39

7.3   TIGM(1, 1) 建模过程

7.3.1   整体发展系数的确定

设原始三元区间数序列为 $X^{(0)} = \{\tilde{x}^{(0)}(1), \tilde{x}^{(0)}(2), \cdots, \tilde{x}^{(0)}(n)\}$, 其中 $\tilde{x}^{(0)}(i) = [x_{\mathrm{L}}^{(0)}(i), x_{\mathrm{M}}^{(0)}(i), x_{\mathrm{U}}^{(0)}(i)]$, $i = 1, 2, \cdots, n$, 其一次累加生成序列和白化背景值序列分别为:

$$\tilde{x}^{(1)}(i) = [x_{\mathrm{L}}^{(1)}(i), x_{\mathrm{M}}^{(1)}(i), x_{\mathrm{U}}^{(1)}(i)] = [\sum_{k=1}^{i} x_{\mathrm{L}}^{(0)}(k), \sum_{k=1}^{i} x_{\mathrm{M}}^{(0)}(k), \sum_{k=1}^{i} x_{\mathrm{U}}^{(0)}(k)],$$
$$i = 1, 2, \cdots, n. \tag{7-16}$$

$$\tilde{z}^{(1)}(i) = [z_{\mathrm{L}}^{(1)}(i), z_{\mathrm{M}}^{(1)}(i), z_{\mathrm{U}}^{(1)}(i)] = [0.5(\sum_{k=1}^{i-1} x_{\mathrm{L}}^{(0)}(k) + \sum_{k=1}^{i} x_{\mathrm{L}}^{(0)}(k)),$$
$$0.5(\sum_{k=1}^{i-1} x_{\mathrm{M}}^{(0)}(k) + \sum_{k=1}^{i} x_{\mathrm{M}}^{(0)}(k)), 0.5(\sum_{k=1}^{i-1} x_{\mathrm{U}}^{(0)}(k) + \sum_{k=1}^{i} x_{\mathrm{U}}^{(0)}(k))],$$
$$i = 2, 3, \cdots, n. \tag{7-17}$$

下面基于累积法分别求出三元区间数下、中、上界点序列的发展系数 a_{L}、a_{M}、a_{U}. GM(1, 1) 的定义型方程为:

$$x^{(0)}(i) + az^{(1)}(i) = b, \ i = 2, 3, \cdots, n. \tag{7-18}$$

分别基于下、中、上界点序列, 对定义型方程两边做一阶、二阶累积和, 得到下列三

个方程组:

$$
\begin{cases}
\sum\limits_{i=2}^{n}{}^{(1)}x_{\mathrm{L}}^{(0)}(i) + a_{\mathrm{L}}\sum\limits_{i=2}^{n}{}^{(1)}z_{\mathrm{L}}^{(1)}(i) = b_{\mathrm{L}}\sum\limits_{i=2}^{n}{}^{(1)}, \\
\sum\limits_{i=2}^{n}{}^{(2)}x_{\mathrm{L}}^{(0)}(i) + a_{\mathrm{L}}\sum\limits_{i=2}^{n}{}^{(2)}z_{\mathrm{L}}^{(1)}(i) = b_{\mathrm{L}}\sum\limits_{i=2}^{n}{}^{(2)}.
\end{cases}
$$

$$
\begin{cases}
\sum\limits_{i=2}^{n}{}^{(1)}x_{\mathrm{M}}^{(0)}(i) + a_{\mathrm{M}}\sum\limits_{i=2}^{n}{}^{(1)}z_{\mathrm{M}}^{(1)}(i) = b_{\mathrm{M}}\sum\limits_{i=2}^{n}{}^{(1)}, \\
\sum\limits_{i=2}^{n}{}^{(2)}x_{\mathrm{M}}^{(0)}(i) + a_{\mathrm{M}}\sum\limits_{i=2}^{n}{}^{(2)}z_{\mathrm{M}}^{(1)}(i) = b_{\mathrm{M}}\sum\limits_{i=2}^{n}{}^{(2)}.
\end{cases}
$$

$$
\begin{cases}
\sum\limits_{i=2}^{n}{}^{(1)}x_{\mathrm{U}}^{(0)}(i) + a_{\mathrm{U}}\sum\limits_{i=2}^{n}{}^{(1)}z_{\mathrm{U}}^{(1)}(i) = b_{\mathrm{U}}\sum\limits_{i=2}^{n}{}^{(1)}, \\
\sum\limits_{i=2}^{n}{}^{(2)}x_{\mathrm{U}}^{(0)}(i) + a_{\mathrm{U}}\sum\limits_{i=2}^{n}{}^{(2)}z_{\mathrm{U}}^{(1)}(i) = b_{\mathrm{U}}\sum\limits_{i=2}^{n}{}^{(2)}.
\end{cases}
$$

得参数估计为

$$
\begin{bmatrix} a_{\mathrm{L}} \\ b_{\mathrm{L}} \end{bmatrix} = \boldsymbol{X}_{\mathrm{L}}^{-1}\boldsymbol{Y}_{\mathrm{L}}, \quad
\begin{bmatrix} a_{\mathrm{M}} \\ b_{\mathrm{M}} \end{bmatrix} = \boldsymbol{X}_{\mathrm{M}}^{-1}\boldsymbol{Y}_{\mathrm{M}}, \quad
\begin{bmatrix} a_{\mathrm{U}} \\ b_{\mathrm{U}} \end{bmatrix} = \boldsymbol{X}_{\mathrm{U}}^{-1}\boldsymbol{Y}_{\mathrm{U}}. \tag{7-19}
$$

其中 $\boldsymbol{X}_{\mathrm{L}}^{-1}$、$\boldsymbol{Y}_{\mathrm{L}}$、$\boldsymbol{X}_{\mathrm{U}}^{-1}$、$\boldsymbol{Y}_{\mathrm{U}}$ 的取值与式 (7-4) 一致, 其他

$$
\boldsymbol{X}_{\mathrm{M}} = \begin{bmatrix}
\sum\limits_{i=2}^{n}{}^{(1)}z_{\mathrm{M}}^{(1)}(i) & -\sum\limits_{i=2}^{n}{}^{(1)} \\
\sum\limits_{i=2}^{n}{}^{(2)}z_{\mathrm{M}}^{(1)}(i) & -\sum\limits_{i=2}^{n}{}^{(2)}
\end{bmatrix}, \quad
\boldsymbol{Y}_{\mathrm{M}} = \begin{bmatrix}
-\sum\limits_{i=2}^{n}{}^{(1)}x_{\mathrm{M}}^{(0)}(i) \\
-\sum\limits_{i=2}^{n}{}^{(2)}x_{\mathrm{M}}^{(0)}(i)
\end{bmatrix},
$$

$$
\sum_{i=2}^{n}{}^{(1)}z_{\mathrm{M}}^{(1)}(i) = \sum_{i=2}^{n}z_{\mathrm{M}}^{(1)}(i), \sum_{i=2}^{n}{}^{(2)}z_{\mathrm{M}}^{(1)}(i) = \sum_{i=2}^{n}\mathrm{C}_{n-i+1}^{1}z_{\mathrm{M}}^{(1)}(i) = \sum_{i=2}^{n}(n-i+1)z_{\mathrm{M}}^{(1)}(i),
$$

$$
\sum_{i=2}^{n}{}^{(1)}x_{\mathrm{L}}^{(0)}(i) = \sum_{i=2}^{n}x_{\mathrm{L}}^{(0)}(i), \sum_{i=2}^{n}{}^{(2)}x_{\mathrm{L}}^{(0)}(i) = \sum_{i=2}^{n}\mathrm{C}_{n-i+1}^{1}x_{\mathrm{L}}^{(0)}(i) = \sum_{i=2}^{n}(n-i+1)x_{\mathrm{L}}^{(0)}(i),
$$

$$
\sum_{i=2}^{n}{}^{(1)} = \mathrm{C}_{n}^{1} - 1 = n - 1, \sum_{i=2}^{n}{}^{(2)} = \mathrm{C}_{n+2-1}^{2} - n = \frac{n(n+1)}{2} - n = \frac{n(n-1)}{2}.
$$

取三元区间数 GM(1, 1) (TIGM(1, 1)) 的整体发展系数 a 的估计值为 a_{L}, a_{M} 与 a_{U} 的加权平均值, 即

$$
a = \alpha a_{\mathrm{L}} + \beta a_{\mathrm{M}} + \gamma a_{\mathrm{U}}, \tag{7-20}
$$

其中, $\alpha + \beta + \gamma = 1$. 由于三元区间数的中界点 (也称为三元中的偏好值) 在三界点中起主导作用, 所以权重 β 的取值建议大于另两个权重的取值.

7.3.2 灰作用量的确定

下面依然运用累积法, 确定模型的灰作用量. 对 GM(1, 1) 的定义型方程两边做一阶累积和, 分别代入区间数的下、中、上界点序列, 得到

$$\sum_{i=2}^{n} {}^{(1)}x_{\text{L}}^{(0)}(i) + a\sum_{i=2}^{n} {}^{(1)}z_{\text{L}}^{(1)}(i) = b_{\text{L}}'\sum_{i=2}^{n} {}^{(1)}, \tag{7-21}$$

$$\sum_{i=2}^{n} {}^{(1)}x_{\text{M}}^{(0)}(i) + a\sum_{i=2}^{n} {}^{(1)}z_{\text{M}}^{(1)}(i) = b_{\text{M}}'\sum_{i=2}^{n} {}^{(1)}, \tag{7-22}$$

$$\sum_{i=2}^{n} {}^{(1)}x_{\text{U}}^{(0)}(i) + a\sum_{i=2}^{n} {}^{(1)}z_{\text{U}}^{(1)}(i) = b_{\text{U}}'\sum_{i=2}^{n} {}^{(1)}. \tag{7-23}$$

则得到

$$b_{\text{L}}' = \frac{\sum_{i=2}^{n} {}^{(1)}x_{\text{L}}^{(0)}(i) + a\sum_{i=2}^{n} {}^{(1)}z_{\text{L}}^{(1)}(i)}{\sum_{i=2}^{n} {}^{(1)}} = \frac{\sum_{i=2}^{n} x_{\text{L}}^{(0)}(i) + a\sum_{i=2}^{n} z_{\text{L}}^{(1)}(i)}{n-1}, \tag{7-24}$$

$$b_{\text{M}}' = \frac{\sum_{i=2}^{n} {}^{(1)}x_{\text{M}}^{(0)}(i) + a\sum_{i=2}^{n} {}^{(1)}z_{\text{M}}^{(1)}(i)}{\sum_{i=2}^{n} {}^{(1)}} = \frac{\sum_{i=2}^{n} x_{\text{M}}^{(0)}(i) + a\sum_{i=2}^{n} z_{\text{M}}^{(1)}(i)}{n-1}, \tag{7-25}$$

$$b_{\text{U}}' = \frac{\sum_{i=2}^{n} {}^{(1)}x_{\text{U}}^{(0)}(i) + a\sum_{i=2}^{n} {}^{(1)}z_{\text{U}}^{(1)}(i)}{\sum_{i=2}^{n} {}^{(1)}} = \frac{\sum_{i=2}^{n} x_{\text{U}}^{(0)}(i) + a\sum_{i=2}^{n} z_{\text{U}}^{(1)}(i)}{n-1}. \tag{7-26}$$

这样, TIGM(1, 1) 的灰作用量确定为 $\tilde{b} = [b_{\text{L}}', b_{\text{M}}', b_{\text{U}}']$. 这里的 b_{L}'、b_{M}'、b_{U}' 不同于式 (7-19) 中的 b_{L}、b_{M}、b_{U}, 是根据整体发展系数 a 做的修正.

定理 7.3 TIGM(1, 1) 的内涵型预测公式为

$$\hat{x}_{\text{L}}^{(0)}(i) = \frac{2(2-a)^{i-2}(b_{\text{L}}' - ax_{\text{L}}^{(0)}(1))}{(2+a)^{i-1}}, \quad \hat{x}_{\text{M}}^{(0)}(i) = \frac{2(2-a)^{i-2}(b_{\text{M}}' - ax_{\text{M}}^{(0)}(1))}{(2+a)^{i-1}},$$

$$\hat{x}_{U}^{(0)}(i) = \frac{2(2-a)^{i-2}(b'_{U} - ax_{U}^{(0)}(1))}{(2+a)^{i-1}}, \quad i = 2, 3, \cdots, n \qquad (7\text{-}27)$$

定理 7.3 的推导参照定理 3.1.

定理 7.4 TIGM(1, 1) 的内涵型预测公式满足:

$$\hat{x}_{L}^{(0)}(i) \leqslant \hat{x}_{M}^{(0)}(i) \leqslant \hat{x}_{U}^{(0)}(i).$$

定理 7.4 的证明与定理 7.2 类似, 保证了 TIGM(1, 1) 的预测区间的下、中、上界点位置不会错乱.

TIGM(1, 1) 的预测步骤为:

(1) 由式 (7-16) 计算序列的一次累加序列;

(2) 由式 (7-17) 计算白化背景值序列;

(3) 由式 (7-19)、式 (7-20) 得整体发展系数;

(4) 由式 (7-24)、式 (7-25)、式 (7-26) 估计灰作用量;

(5) 由式 (7-27) 得预测区间的下、中、上界点.

7.4　TIGM(1, 1) 的应用实例

国家统计局统计了每个月的居民消费价格指数. 以一年 12 个月的最小值、平均值、最大值依次作为三元区间数的下、中、上界点, 形成三元区间数形式的原始序列, 三元区间数能同时反映一年中 CPI 的最小值、平均值、最大值, 比只用一年的平均值来反映 CPI 对经济决策更有利. 这里以 1997 年至 2010 年的区间值作为原始区间数据建立本书的 TIGM(1, 1), 以此来预测 2011 年与 2012 年的三元区间数.

首先, 对于 1997 年至 2010 年三元区间数序列的三个界点序列 $x_{L}^{(0)}(i)$、$x_{M}^{(0)}(i)$、$x_{U}^{(0)}(i)$, 由式 (7-19) 计算得参数估计值分别为:

$$a_{L} = -0.0022, \quad a_{M} = -0.0037, \quad a_{U} = -0.0048,$$
$$b_{L} = 98.4826, \quad b_{M} = 98.7580, \quad b_{U} = 99.4964.$$

由式 (7-20) 计算得三元区间数序列的整体发展系数为:

$$a = (a_L + 2a_M + a_U)/4 = -0.0036.$$

其中, 中界点即偏好值序列的发展系数 (a_M) 的权重大于下、上界点序列的发展系数$(a_L、a_U)$ 的权重.

由式 (7-24)、式 (7-25)、式 (7-26) 得下、中、上界点序列的灰作用量估计为:

$$b'_L = 97.4341, \quad b'_M = 98.8310, \quad b'_U = 100.4267.$$

则由式 (7-26) 得到 TIGM(1, 1) 的预测区间的三界点为:

$$\hat{x}_L^{(0)}(i) = \frac{2(2-a)^{i-2}[b'_L - ax_L^{(0)}(1)]}{(2+a)^{i-1}}$$
$$= \frac{2(2+0.0036)^{i-2}(97.4341 + 0.0036 \times 100.4)}{(2-0.0036)^{i-1}},$$

$$\hat{x}_M^{(0)}(i) = \frac{2(2-a)^{i-2}[b'_M - ax_M^{(0)}(1)]}{(2+a)^{i-1}}$$
$$= \frac{2(2+0.0036)^{i-2}(98.7580 + 0.0036 \times 102.8)}{(2-0.0036)^{i-1}},$$

$$\hat{x}_U^{(0)}(i) = \frac{2(2-a)^{i-2}[b'_U - ax_U^{(0)}(1)]}{(2+a)^{i-1}}$$
$$= \frac{2(2+0.0036)^{i-2}(100.4267 + 0.0036 \times 105.9)}{(2+0.0062)^{i-1}},$$

$$i = 2, 3, \cdots, n$$

表 7-3 给出了 TIGM(1, 1) 的拟合与预测结果. 1997 年至 2010 年的拟合值的平均相对误差为 1.19%, 2011 年与 2012 年的预测值的平均相对误差为 1.32%, 精度都达到 98% 以上. 所以 TIGM(1, 1) 的预测是有效的.

本章通过改进 GM(1, 1) 的参数取值形式, 直接由区间数序列确定了模型的参数, 不需将区间数序列转换为精确数序列, 提出了基于整体发展系数的二元和三元区间数 GM(1, 1) (BIGM(1, 1) 与 TIGM(1, 1)), 在实质上将 GM(1, 1) 的适用序列拓广到区间数序列. 但是 BIGM(1, 1) 与 TIGM(1, 1) 只反映了区间数序列的整体发展趋势, 没有反映区间数序列的振荡规律, 所以我们将在下一章对 BIGM(1, 1) 与 TIGM(1, 1) 进行修正.

表 7-3　原始序列与 TIGM (1, 1) 的拟合与预测结果

年	原始数据	预测值	相对误差/%
1997	[100.4, 102.8, 105.9]	[100.4, 102.8, 105.9]	0, 0, 0
1998	[98.5, 99.2, 100.7]	[97.97, 99.37, 100.98]	0.54, 0.18, 0.28
1999	[97.8, 98.6, 99.4]	[98.31, 99.73, 101.34]	0.53, 1.14, 1.95
2000	[99.7, 100.4, 101.5]	[98.66, 100.08, 101.70]	1.04, 0.32, 0.20
2001	[99.4, 100.7, 101.7]	[99.02, 100.44, 102.06]	0.39, 0.26, 0.36
2002	[98.7, 99.2, 100]	[99.37, 100.80, 102.43]	0.68, 1.61, 2.43
2003	[100.2, 101.2, 103.2]	[99.72, 101.15, 102.79]	0.48, 0.05, 0.39
2004	[102.1, 103.9, 105.3]	[100.08, 101.51, 103.16]	1.98, 2.30,2.03
2005	[100.9, 101.8, 103.9]	[100.43, 101.88, 103.53]	0.46, 0.07, 0.36
2006	[100.8, 101.5, 102.8]	[100.79, 102.24, 103.89]	0, 0.73, 1.06
2007	[102.2, 104.8, 106.9]	[101.15 102.60, 104.26]	1.03, 2.10, 2.47
2008	[101.2, 105.9, 108.7]	[101.51, 102.97, 104.64]	0.31, 2.77, 3.74
2009	[98.2, 99.3, 101.9]	[101.87, 103.33, 105.01]	3.74, 4.06, 3.05
2010	[101.5, 103.3, 105.1]	[102.23, 103.70, 105.38]	0.72, 0.39, 0.27
2011	[104.1, 105.4, 106.5]	[102.60, 104.07, 105.76]	1.44, 1.26,0.70
2012	[101.8, 102.6, 104.5]	[102.96, 104.44, 106.13]	1.14, 1.80, 1.56
平均相对误差	拟合值 (1997−2010): 1.19%;	预测值 (2011−2012): 1.32%	

第 8 章 BIGM(1, 1) 和 TIGM(1, 1) 修正

由 GM(1, 1) 的预测公式可知, GM(1, 1) 是以指数型曲线拟合原始序列, 能反映事物发展的整体趋势, 但是没有考虑发展的波动规律, 因此对波动性较大的序列, 预测精度较低. 这在 GM(1, 1) 的适用范围的大量研究中已经指出. 并且, 对于第 7 章提出的 BIGM(1, 1) 与 TIGM(1, 1), 由于其整体发展系数是区间数几个界点序列的发展系数的加权平均值, 弱化了各个界点序列的各自的发展规律, 所以对振荡型区间数序列, 基于整体发展系数的 BIGM(1, 1) 与 TIGM(1, 1) 的预测效果不好. 为了提高 BIGM(1, 1) 与 TIGM(1, 1) 对振荡型区间数序列的预测效果, 本章将对这两个模型的预测结果进行修正. 修正方法采用马尔可夫预测方法、人工神经网络、支持向量机等.

本章将采用串联的方式, 即先运用 BIGM(1, 1) 与 TIGM(1, 1) 对区间数序列进行预测, 再运用马尔可夫预测方法、人工神经网络、支持向量机修正 BIGM(1, 1) 与 TIGM(1, 1) 的预测结果. 在修正中, 还将结合区间数序列转换为精确数序列的方法, 保证修正后不出现区间数各个界点位置的错乱.

8.1 GM(1, 1) 的建模条件

邓聚龙[36]已经给出了 GM(1, 1) 的建模禁区、发展系数与原始序列级比的界区等. 刘思峰[73]等进一步研究了模型的适用范围, 指出 GM(1, 1) 的建模条件是一次累加生成序列满足"准指数律", 否则, 序列的波动性较大, GM(1, 1) 的预测精度较低. 下面给出相关定义.

定义 8.1 设非负序列为 $X = \{x(1), x(2), \cdots, x(n)\}$, 令

$$\sigma(i) = \frac{x(i)}{x(i-1)}, \quad i = 2, 3, \cdots, n. \tag{8-1}$$

(1) $\forall i$, 若 $\sigma(i) \in (0, 1]$, 则称序列具有负灰指数律;

(2) $\forall i$, 若 $\sigma(i) > 1$, 则称序列具有正灰指数律;

(3) $\forall i$, 若 $\sigma(i) \in [p, q]$, $q - p = \delta$, 则称序列具有绝对灰度为 δ 的灰指数律;

(4) 若 $\delta < 0.5$, 则称序列具有准指数律.

对于一般的非负序列, 通过累加生成, 准指数律就会出现. 序列越光滑, 准指数律越明显, 即灰度 δ 越小, 灰模型的预测精度越好.

当灰度 $\delta < 0.5$, 即原始序列的累加生成序列具有 "准指数律" 时, 原始序列可以用 GM(1, 1) 预测. 当灰度 $\delta \geqslant 0.5$, 即原始序列累加后不具有 "准指数律" 时, 表明原始序列的波动性较大, 则 GM(1, 1) 的预测精度不高, 需要进行修正.

从以上分析知, BIGM(1, 1) 与 TIGM(1, 1) 的建模条件是原始序列的各个界点序列的累加生成序列 $\{x_{\mathrm{L}}^{(1)}(1), x_{\mathrm{L}}^{(1)}(2), \cdots, x_{\mathrm{L}}^{(1)}(n)\}$、$\{x_{\mathrm{M}}^{(1)}(1), x_{\mathrm{M}}^{(1)}(2), \cdots, x_{\mathrm{M}}^{(1)}(n)\}$ 与 $\{x_{\mathrm{U}}^{(1)}(1), x_{\mathrm{U}}^{(1)}(2), \cdots, x_{\mathrm{U}}^{(1)}(n)\}$, 都满足准指数律, 即

$$\sigma(i) = \frac{x^{(1)}(i)}{x^{(1)}(i-1)} = \frac{\sum\limits_{k=1}^{i} x^{(0)}(k)}{\sum\limits_{k=1}^{i-1} x^{(0)}(k)} \in [p, q], \tag{8-2}$$

其中, $q - p = \delta < 0.5$. 本章将采用 "准指数律" 检验序列的波动性. 若 $\delta \geqslant 0.5$, 则需对 BIGM(1, 1) 进行修正.

8.2　基于马尔可夫预测的修正过程

马尔可夫预测方法也只适用于精确数序列预测, 而且不能对二元区间数的上、下界点分开单独修正, 否则, 可能出现界点相对位置的错乱, 所以在修正中, 应结合前面的序列转换方法.

已知原始区间数序列为:

$$X^{(0)} = \{\tilde{x}^{(0)}(1), \tilde{x}^{(0)}(2), \cdots, \tilde{x}^{(0)}(n)\},$$

其中, $\tilde{x}^{(0)}(i) = [x_{\mathrm{L}}^{(0)}(i), x_{\mathrm{U}}^{(0)}(i)]$, $i = 1, 2, \cdots, n$. 由 BIGM(1, 1) 得到的预测序列为:

$$\hat{X}^{(0)} = \{\hat{\tilde{x}}^{(0)}(1), \hat{\tilde{x}}^{(0)}(2), \cdots, \hat{\tilde{x}}^{(0)}(n)\},$$

其中, $\hat{\tilde{x}}^{(0)}(i) = [\hat{x}_{\mathrm{L}}^{(0)}(i), \hat{x}_{\mathrm{U}}^{(0)}(i)]$, $i = 1, 2, \cdots, n$, 包括下界点预测值 $(\hat{x}_{\mathrm{L}}^{(0)}(i))$ 和上界点预测值 $(\hat{x}_{\mathrm{U}}^{(0)}(i))$.

下面运用序列转换方法将原始区间数序列和 BIGM(1, 1) 的预测序列分别转换为精确数序列: 中点序列和区间长度序列, 设原始序列 $X^{(0)}$ 转换后的序列为 M 与 L, 即:

$$X^{(0)} = \{\tilde{x}^{(0)}(1), \tilde{x}^{(0)}(2), \cdots, \tilde{x}^{(0)}(n)\} \Leftrightarrow \begin{cases} M = \{m(1), m(2), \cdots, m(n)\}, \\ L = \{l(1), l(2), \cdots, l(n)\}. \end{cases}$$

其中

$$m(i) = \frac{x_{\mathrm{L}}^{(0)}(i) + x_{\mathrm{U}}^{(0)}(i)}{2}, \quad l(i) = x_{\mathrm{U}}^{(0)}(i) - x_{\mathrm{L}}^{(0)}(i). \tag{8-3}$$

而 BIGM(1, 1) 的预测序列 $\hat{X}^{(0)}$ 转换后的序列则记为 $\hat{M}$ 与 $\hat{L}$, 其计算只需将上式的原始值相应换为预测值即可:

$$\hat{X}^{(0)} = \{\hat{\tilde{x}}^{(0)}(1), \hat{\tilde{x}}^{(0)}(2), \cdots, \hat{\tilde{x}}^{(0)}(n)\} \Leftrightarrow \begin{cases} \hat{M} = \{\hat{m}(1), \hat{m}(2), \cdots, \hat{m}(n)\}, \\ \hat{L} = \{\hat{l}(1), \hat{l}(2), \cdots, \hat{l}(n)\}. \end{cases}$$

其中

$$\hat{m}(i) = \frac{\hat{x}_{\mathrm{L}}^{(0)}(i) + \hat{x}_{\mathrm{U}}^{(0)}(i)}{2}, \quad \hat{l}(i) = \hat{x}_{\mathrm{U}}^{(0)}(i) - \hat{x}_{\mathrm{L}}^{(0)}(i). \tag{8-4}$$

对 BIGM(1, 1) 预测序列 $\hat{X}^{(0)}$ 的转换序列 $\hat{M} = \{\hat{m}(1), \hat{m}(2), \cdots, \hat{m}(n)\}$ 与 $\hat{L} = \{\hat{l}(1), \hat{l}(2), \cdots, \hat{l}(n)\}$, 进行马尔可夫修正后, 修正值记为 $\tilde{m}(i)$、$\tilde{l}(i)$, 则得区间数序列的下、上界点修正值为:

$$\tilde{x}_{\mathrm{L}}^{(0)}(i) = \tilde{m}(i) - \frac{\tilde{l}(i)}{2}, \quad \tilde{x}_{\mathrm{U}}^{(0)}(i) = \tilde{m}(i) + \frac{\tilde{l}(i)}{2}. \tag{8-5}$$

显然, 此还原公式满足 $\tilde{x}_{\mathrm{L}}^{(0)}(i) \leqslant \tilde{x}_{\mathrm{U}}^{(0)}(i)$, 保证了修正后区间数序列的下、上界点的相对位置.

下面以中点序列 $\hat{M}$ 为例, 给出马尔可夫修正过程, $\hat{L}$ 的修正过程与此类似.

步骤 1 状态划分.

计算序列 M 与 $\hat{M}$ 的比值, 即 $m(i)/\hat{m}(i)$, $i = 1, 2, \cdots, n$, 将此比值的变化范围划分成 s 个区间 $[A_i, B_i]$, $i = 1, 2, \cdots, s$, 称为 s 个状态, 并记为 E_i, 即

$$E_i : [A_i, B_i], \quad i = 1, 2, \cdots, s.$$

状态划分的个数根据实际情况确定. 一般来说, 原始数据较少时, 状态划分宜少, 便于增多各状态间的转移次数, 从而更客观地反映各状态间的转移规律. 原始数据较多时, 状态划分可多一些, 便于从资料中挖掘更多的信息, 提高预测精度.

步骤 2 建立状态转移概率矩阵.

设 $N_{ij}(k)$ 为由状态 E_i 经过 k 步转移到状态 E_j 的原始数据样本数, N_i 为状态 E_i 出现的次数, 则由状态 E_i 经过 k 步转移到状态 E_j 的状态转移概率为

$$P_{ij}(k) = \frac{N_{ij}(k)}{N_i}, \quad i, j = 1, 2, \cdots, s. \tag{8-6}$$

从而得 k 步状态转移概率矩阵为

$$\boldsymbol{P}(k) = \begin{bmatrix} P_{11}(k) & P_{12}(k) & \cdots & P_{1s}(k) \\ P_{21}(k) & P_{22}(k) & \cdots & P_{2s}(k) \\ \vdots & \vdots & & \vdots \\ P_{s1}(k) & P_{s2}(k) & \cdots & P_{ss}(k) \end{bmatrix}. \tag{8-7}$$

步骤 3 一步修正值确定.

设第 n 时刻, $m(n)/\hat{m}(n)$ 处于 E_k 状态, 则考察一步转移概率矩阵 $\boldsymbol{P}(1)$ 中的第 k 行, 若第 k 行第 j 个元素 (即转移概率 $P_{kj}(1)$) 最大, 则说明 $m(n)/\hat{m}(n)$ 从 E_k 状态转移到 E_j 状态的概率最大, 所以 在第 $n+1$ 时刻, $\hat{m}(n+1)$ 的修正值 $\tilde{m}(n+1)$ 为:

$$\tilde{m}(n+1) = \hat{m}(n+1) \times \frac{1}{2}(A_j + B_j). \tag{8-8}$$

若 $\boldsymbol{P}(1)$ 中的第 k 行没有最大元素, 则在第 $n+1$ 时刻, $\hat{m}(n+1)$ 的修正值 $\tilde{m}(n+1)$ 取为各状态的期望:

$$\tilde{m}(n+1) = \hat{m}(n+1) \times \frac{1}{2}[\sum_{j=1}^{s} P_{kj}(1) \times (A_j + B_j)]. \tag{8-9}$$

若 $\boldsymbol{P}(1)$ 中的第 k 行有几个最大元素, 则在第 $n+1$ 时刻, $\hat{m}(n+1)$ 的修正值 $\tilde{m}(n+1)$ 取为这几个最大值对应状态的平均值.

步骤 4 多步修正.

设第 n 时刻, $m(n)/\hat{m}(n)$ 处于 E_k 状态, 则考察两步转移概率矩阵 $\boldsymbol{P}(2)$ 中的第 k 行, 若第 k 行第 j 个元素 (即转移概率 $P_{kj}(2)$) 最大, 则说明 $m(n)/\hat{m}(n)$ 从 E_k 状态经两步转移到 E_j 状态的概率最大, 所以, 在第 $n+2$ 时刻, $\hat{m}(n+2)$ 的修正值 $\tilde{m}(n+2)$ 为:

$$\tilde{m}(n+2) = \hat{m}(n+2) \times \frac{1}{2}(A_j + B_j). \tag{8-10}$$

若 $\boldsymbol{P}(2)$ 中的第 k 行没有最大元素, 则在第 $n+2$ 时刻, $\hat{m}(n+2)$ 的修正值 $\tilde{m}(n+2)$ 取为各状态的期望:

$$\tilde{m}(n+2) = \hat{m}(n+2) \times \frac{1}{2}[\sum_{j=1}^{s} P_{kj}(2) \times (A_j + B_j)]. \tag{8-11}$$

即得到第 $n+2$ 时刻的修正预测值 $\tilde{m}(n+2)$. 多步则以此类推.

8.3 马尔可夫修正的应用实例

电力是基础能源之一. 电力负荷的短期预测对电力系统的调度管理非常重要, 所以它是电力公司的一个研究重点. 因为电力负荷时刻变化着, 并且具有波动性, 所以它的预测不适于用精确数表示.

本节以 2014 年 9 月 1 日至 9 月 5 日桂林市某地区的电力负荷数据建立本书提出的马尔可夫 BIGM(1, 1). 首先, 将一天分为四个时间段: 0:00−6:00, 6:00−12:00, 12:00−18:00 与 18:00−24:00. 这四个时间段代表了一天中人们生活的四个不同阶段. 然后以一个时间段 6 个小时中的最小负荷作为区间数的下界点, 以最大负荷作为区间数的上界点. 表8-1 列出了 2014 年 9 月 1 日至 9 月 5 日的原始区间数据.

首先, 进行 "准指数律" 检验. 由式 (8-1), 得原始下、上界点序列的一次累加生成序列的级比所在范围分别为:

$$\sigma_{\mathrm{L}}(i) \in [1.0542, 1.7167], \ \sigma_{\mathrm{U}}(i) \in [1.0533, 1.7157], \ i \geqslant 3.$$

则灰指数律的绝对灰度分别为:

$$\delta_L = 0.6625, \quad \delta_U = 0.6624.$$

因为绝对灰度 δ_L、$\delta_U > 0.5$, 所以上、下界点的一次累加生成序列都不满足准指数律, 即波动性都很大.

下面用 9 月 1 日至 9 月 4 日的数据建立 BIGM(1, 1), 预测 9 月 5 日的 4 个时间段的数据. 首先, 由第 7 章的式 (7-4), 得到 BIGM(1, 1) 的参数估计为:

$$a_L = 0.0015, \quad a_U = 0.0108,$$

$$b_L = 4.6164, \quad b_U = 7.0445.$$

则整体发展系数取为

$$a = (a_L + a_U)/2 = 0.0062.$$

由式 (7-8)、式 (7-9) 得下、上界点序列的灰作用量为:

$$b'_L = 4.7894, \quad b'_U = 6.7932.$$

代入预测公式 (7-10) 得:

$$\hat{x}_L^{(0)}(i) = \frac{2(2-a)^{i-2}[b'_L - ax_L^{(0)}(1)]}{(2+a)^{i-1}}$$
$$= \frac{2(2-0.0062)^{i-2}(4.7894 - 0.0062 \times 2.9)}{(2+0.0062)^{i-1}},$$

$$\hat{x}_R^{(0)}(i) = \frac{2(2-a)^{i-2}[b'_R - ax_R^{(0)}(1)]}{(2+a)^{i-1}}$$
$$= \frac{2(2-0.0062)^{i-2}(6.7932 - 0.0062 \times 4.3)}{(2+0.0062)^{i-1}}.$$

表 8-1 列出了 BIGM(1, 1) 的拟合与预测结果, 从 9 月 1 日至 9 月 4 日的拟合平均相对误差为 18.01%, 9 月 5 日的预测平均相对误差达到 22.29%, 即预测精度不到 80%, 其中两个点的误差还达到 50% 以上, 此结果说明对于波动较大的序列, BIGM(1, 1) 的预测效果不好. BIGM(1, 1) 的拟合与预测结果只能反映原始序列的整体发展趋势, 而没有反映出原始序列的波动规律, 这与灰模型的建模机理和建模

条件是相符合的. 下面基于马尔可夫预测方法对 BIGM(1, 1) 的预测结果进行修正.

表 8-1 BIGM(1, 1) 对电力负荷的拟合与预测结果

单位: MW

序号	时间	原始序列	BIGM(1,1)预测值	相对误差/%
1	9-1 00:00−06:00	[2.9, 4.3]	[2.9, 4.3]	0, 0
2	9-1 06:00−12:00	[3.1, 5.9]	[4.7569, 6.7459]	53.45, 14.34
3	9-1 12:00−18:00	[4.3, 7.3]	[4.7277, 6.7045]	9.95, 8.16
4	9-1 18:00−24:00	[6.1, 7.9]	[4.6986, 6.6633]	22.97, 15.65
5	9-2 00:00−06:00	[3.7, 4.8]	[4.6698,6.6223]	26.21, 37.97
6	9-2 06:00−12:00	[3.7, 6.0]	[4.6411, 6.5817]	25.43, 9.69
7	9-2 12:00−18:00	[5.4, 8.3]	[4.6126, 6.5412]	14.58, 21.19
8	9-2 18:00−24:00	[7.2, 8.8]	[4.5842, 6.5010]	36.33, 26.12
9	9-3 00:00−06:00	[4.6, 6.2]	[4.5561, 6.4611]	0.95, 4.21
10	9-3 06:00−12:00	[4.7, 5.3]	[4.5281, 6.4214]	3.66, 21.16
11	9-3 12:00−18:00	[4.9, 6.6]	[4.5003, 6.3820]	8.16, 3.30
12	9-3 18:00−24:00	[4.8, 7.4]	[4.4726, 6.3428]	6.82, 14.29
13	9-4 00:00−06:00	[3.0, 4.2]	[4.4452, 6.3038]	48.17, 50.09
14	9-4 06:00−12:00	[3.5, 5.6]	[4.4178, 6.2651]	26.22, 11.88
15	9-4 12:00−18:00	[4.3, 6.3]	[4.3907, 6.2266]	2.11, 1.17
16	9-4 18:00−24:00	[5.1, 6.3]	[4.3637, 6.1883]	14.44, 1.77
17	9-5 00:00−06:00	[3.2, 4.2]	[4.3369, 6.1503]	35.53, 46.44
18	9-5 06:00−12:00	[3.3, 5.0]	[4.3103, 6.1125]	30.61, 22.25
19	9-5 12:00−18:00	[4.1, 5.5]	[4.2838, 6.0750]	4.48, 10.45
20	9-5 18:00−24:00	[4.8, 7.3]	[4.2575, 6.0377]	11.30, 17.29
	平均相对误差	拟合值(1~16): 18.01%, 预测值(17~20): 22.29%		

步骤 1 状态划分.

表 8-2 给出了原始区间数序列 $X^{(0)}$ 和 BIGM(1, 1) 的预测序列 $\hat{X}^{(0)}$ 转换后的中点序列和区间长度序列 M、L 与 $\hat{M}$、$\hat{L}$, 以及它们的比值 $M/\hat{M}$、$L/\hat{L}$. 由表 8-2

给出的比值, 首先做修正过程的第一步: 状态划分.

表 8-2　原始序列与 BIGM(1, 1) 预测序列转换后的序列及比值

序号	时间	原始序列		BIGM(1,1)		比值/%	
		M	L	$\hat{M}$	$\hat{L}$	$M/\hat{M}$	$L/\hat{L}$
2	9-1 06:00−12:00	4.5	2.8	5.7514	1.9890	78.24	140.77
3	9-1 12:00−18:00	5.8	3.	5.7161	1.9768	101.47	151.76
4	9-1 18:00−24:00	7	1.8	5.6810	1.9647	123.22	91.62
5	9-2 00:00−06:00	4.25	1.1	5.6461	1.9525	75.27	56.34
6	9-2 06:00−12:00	4.85	2.3	5.6114	1.9406	86.43	118.52
7	9-2 12:00−18:00	6.85	2.9	5.5769	1.9286	122.83	150.37
8	9-2 18:00−24:00	8	1.6	5.5426	1.9168	144.34	83.47
9	9-3 00:00−06:00	5.4	1.6	5.5086	1.9050	98.03	83.99
10	9-3 06:00−12:00	5	0.6	5.4748	1.8933	91.33	31.69
11	9-3 12:00−18:00	5.75	1.7	5.4412	1.8817	105.68	90.34
12	9-3 18:00−24:00	6.1	2.6	5.4077	1.8702	112.80	139.02
13	9-4 00:00−06:00	3.6	1.2	5.3745	1.8586	66.98	64.56
14	9-4 06:00−12:00	4.55	2.1	5.3415	1.8473	85.18	113.68
15	9-4 12:00−18:00	5.3	2	5.3087	1.8359	99.84	108.94
16	9-4 18:00−24:00	5.7	1.2	5.2760	1.8246	108.04	65.77
17	9-5 00:00−06:00			5.2436	1.8134		
18	9-5 06:00−12:00			5.2114	1.8022		
19	9-5 12:00−18:00			5.1794	1.7912		
20	9-5 18:00−24:00			5.1476	1.7802		

表 8-2 中, 9 月 1 日至 9 月 4 日, 即序号 2 至序号 16, $M/\hat{M}$ 与 $L/\hat{L}$ 的变化区间分别为

$$[66.98\%, 144.34\%], \quad [31.69\%, 151.76\%].$$

基于此变化区间, 均分给出 $M/\hat{M}$ 与 $L/\hat{L}$ 的状态划分, 见表 8-3.

表 8-3 状态划分

$M/\hat{M}$		$L/\hat{L}$	
状态	范围	状态	范围
ME1	66% ~ 85%	LE1	31%~61%
ME2	85%~105%	LE2	61%~91%
ME3	105%~125%	LE3	91%~121%
ME4	125%~145%	LE4	121%~152%

步骤 2 建立状态转移概率矩阵.

由表 8-2 的比值与表 8-3 的状态划分, 得 $M/\hat{M}$ 与 $L/\hat{L}$ 的一步转移概率矩阵分别为

$$
\boldsymbol{P}_{\mathrm{M}}(1) = \begin{bmatrix} 0 & 1 & 0 & 0 \\ 0 & 1/3 & 2/3 & 0 \\ 1/2 & 0 & 1/4 & 1/4 \\ 0 & 1 & 0 & 0 \end{bmatrix}, \ \boldsymbol{P}_{\mathrm{L}}(1) = \begin{bmatrix} 0 & 1/2 & 1/2 & 0 \\ 1/4 & 1/4 & 1/4 & 1/4 \\ 1/4 & 1/4 & 1/4 & 1/4 \\ 0 & 1/2 & 1/4 & 1/4 \end{bmatrix}.
$$

步骤 3 确定一步修正值.

下面修正表 8-2 中 BIGM(1, 1) 对应的 $\hat{m}(17) = 5.2436$, 因为序号 16 的比值:

$$
m(16)/\hat{m}(16) = 108.04\%,
$$

所以处于状态 3 (ME3: 105%~125%), 则观察 $M/\hat{M}$ 的一步转移概率矩阵 $\boldsymbol{P}_{\mathrm{M}}(1)$ 的第 3 行得转移到状态 1 (ME1: 66%~85%) 的概率最大, 所以 $\hat{m}(17)$ 的修正值 $\tilde{m}(17)$ 为:

$$
\tilde{m}(17) = \hat{m}(17) \times \frac{1}{2} \times (66\% + 85\%) = 5.2436 \times \frac{1}{2} \times (66\% + 85\%) = 3.9589.
$$

因为

$$
l(16)/\hat{l}(16) = 65.77\%,
$$

所以处于状态 2 (LE2: 61%~91%), 观察 $L/\hat{L}$ 的一步转移概率矩阵 $\boldsymbol{P}_{\mathrm{L}}(1)$ 的第 2 行,

没有最大值, 所以 $\hat{l}(17)$ 的修正值 $\tilde{l}(17)$ 取为各状态的期望:

$$\tilde{l}(17) = \hat{l}(17) \times \frac{1}{2} \times [\frac{1}{4} \times (31\% + 61\%) + \frac{1}{4} \times (61\% + 91\%)$$
$$+ \frac{1}{4} \times (91\% + 121\%) + \frac{1}{4} \times (121\% + 152\%)]$$
$$= 1.6525.$$

最后由还原公式, 得到 BIGM(1, 1) 的预测值 $\hat{x}_{\mathrm{L}}^{(0)}(17)$、$\hat{x}_{\mathrm{U}}^{(0)}(17)$ 的马尔可夫修正值为:

$$\tilde{x}_{\mathrm{L}}^{(0)}(17) = 3.9589 - \frac{1.6525}{2} = 3.1327,$$
$$\tilde{x}_{\mathrm{U}}^{(0)}(17) = 3.9589 + \frac{1.6525}{2} = 4.7851.$$

步骤 4 多步修正值.

$M/\hat{M}$ 与 $L/\hat{L}$ 的二步、三步、四步转移概率矩阵分别为

$$\boldsymbol{P}_{\mathrm{M}}(2) = \begin{bmatrix} 0 & 1/3 & 2/3 & 0 \\ 1/5 & 0 & 3/5 & 1/5 \\ 1/4 & 3/4 & 0 & 0 \\ 0 & 1 & 0 & 0 \end{bmatrix}, \boldsymbol{P}_{\mathrm{L}}(2) = \begin{bmatrix} 0 & 0 & 0 & 1 \\ 1/4 & 1/2 & 1/4 & 0 \\ 0 & 2/3 & 1/3 & 0 \\ 1/4 & 1/4 & 1/2 & 0 \end{bmatrix},$$

$$\boldsymbol{P}_{\mathrm{M}}(3) = \begin{bmatrix} 1/3 & 0 & 1/3 & 1/3 \\ 1/4 & 1/2 & 1/4 & 0 \\ 0 & 3/4 & 1/4 & 0 \\ 0 & 0 & 1 & 0 \end{bmatrix}, \boldsymbol{P}_{\mathrm{L}}(3) = \begin{bmatrix} 0 & 1 & 0 & 0 \\ 0 & 1/2 & 1/4 & 1/4 \\ 0 & 1/2 & 0 & 1/2 \\ 1/2 & 0 & 1/2 & 0 \end{bmatrix},$$

$$\boldsymbol{P}_{\mathrm{M}}(4) = \begin{bmatrix} 0 & 1 & 0 & 0 \\ 1/4 & 1/2 & 1/4 & 0 \\ 0 & 1/4 & 1/2 & 1/4 \\ 0 & 0 & 1 & 0 \end{bmatrix}, \boldsymbol{P}_{\mathrm{L}}(4) = \begin{bmatrix} 0 & 1/2 & 1/2 & 0 \\ 0 & 1/3 & 1/3 & 1/3 \\ 1/2 & 1/2 & 0 & 0 \\ 0 & 1/2 & 1/4 & 1/4 \end{bmatrix}.$$

由 $m(16)/\hat{m}(16) = 108.04\%$ 知, 其处于状态 3 (ME3: 105%~125%), 则观察 $M/\hat{M}$ 的两步转移概率矩阵 $\boldsymbol{P}_{\mathrm{M}}(2)$ 的第 3 行得转移到状态 2 (ME2: 85%~105%) 的

概率最大, 所以 $\hat{m}(18)$ 的修正值 $\tilde{m}(18)$ 为:

$$\tilde{m}(18) = \hat{m}(18) \times \frac{1}{2} \times (85\% + 105\%) = 5.2114 \times \frac{1}{2} \times (85\% + 105\%) = 4.9508.$$

由 $l(16)/\hat{l}(16) = 65.77\%$ 知, 其处于状态 2 (LE2: 61%~91%), 则观察 $L/\hat{L}$ 的两步转移概率矩阵 $\boldsymbol{P}_L(2)$ 的第 2 行, 得转移到状态 2 (LE2: 61%~91%) 的概率最大, 所以 $\hat{l}(18)$ 的修正值 $\tilde{l}(18)$ 为:

$$\tilde{l}(18) = \hat{l}(18) \times \frac{1}{2} \times (61\% + 91\%) = 1.8022 \times \frac{1}{2} \times (61\% + 91\%) = 1.3697.$$

最后由还原公式, 得到 BIGM(1, 1) 的预测值 $\hat{x}_\mathrm{L}^{(0)}(18)$、$\hat{x}_\mathrm{U}^{(0)}(18)$ 的修正值为:

$$\tilde{x}_\mathrm{L}^{(0)}(18) = 4.9508 - \frac{1}{2} \times 1.3697 = 4.2660,$$

$$\tilde{x}_\mathrm{U}^{(0)}(18) = 4.9508 + \frac{1}{2} \times 1.3697 = 5.6357.$$

以此类推, 可得三步、四步修正值如下:

$$\tilde{m}(19) = 4.9204, \tilde{l}(19) = 1.3613, \tilde{m}(20) = 5.9197, \tilde{l}(20) = 1.8900,$$

$$\tilde{x}_\mathrm{L}^{(0)}(19) = 4.2398, \tilde{x}_\mathrm{U}^{(0)}(19) = 5.6011, \tilde{x}_\mathrm{L}^{(0)}(20) = 4.9748, \tilde{x}_\mathrm{U}^{(0)}(20) = 6.8647.$$

将修正后的预测值以及相对误差列入表 8-4 中. 修正后, 平均相对误差从 22.29% 降为 9.11%, 精度达到 90% 以上, 所以修正是有效的.

表 8-4 修正 BIGM (1, 1) 的预测结果

单位: MW

序号	修正BIGM(1,1)模型	相对误差/%	BIGM(1,1)	相对误差/%
17	[3.1327, 4.7851]	2.10, 13.93	[4.3369, 6.1503]	35.53, 46.44
18	[4.2660,5.6357]	29.27, 12.71	[4.3103, 6.1125]	30.61, 22.25
19	[4.2398, 5.6011]	3.41, 1.84	[4.2838, 6.0750]	4.48, 10.45
20	[4.9748, 6.8647]	3.64, 5.96	[4.2575, 6.0377]	11.30, 17.29
平均相对误差		9.11%		22.29%

图 8-1 给出了 BIGM(1, 1) 与修正 BIGM(1, 1) (RBIGM(1, 1)) 的拟合与预测

曲线. 从图 8-1 可以看出, BIGM(1, 1) 的预测曲线反映了原始区间序列的整体发展趋势, 曲线较平滑, 而马尔可夫修正后, 序列的振荡规律体现出来了.

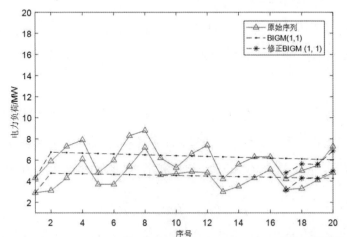

图 8-1 BIGM(1, 1) 与修正 BIGM(1, 1) 对电力负荷的预测曲线

8.4　基于人工神经网络和支持向量机的修正过程

设三元区间数序列为 $X = \{\tilde{x}(1),\ \tilde{x}(2),\ \cdots,\ \tilde{x}(n)\}$, 其中第 i 个三元区间数为 $\tilde{x}(i) = [x_{\mathrm{L}}(i), x_{\mathrm{M}}(i), x_{\mathrm{U}}(i)]$, $i = 1,\ 2,\ \cdots,\ n$. 将三元区间数序列转换为三个精确数序列, 分别为重心序列、中界点序列、区间半径序列:

$$f(i) = \frac{x_{\mathrm{L}}(i) + x_{\mathrm{M}}(i) + x_{\mathrm{U}}(i)}{3};\ x_{\mathrm{M}}(i);\ R(i) = \frac{x_{\mathrm{U}}(i) - x_{\mathrm{L}}(i)}{2}.$$

三元区间数序列的还原公式为:

$$x_{\mathrm{L}}(i) = \frac{3f(i) - x_{\mathrm{M}}(i) - 2R(i)}{2},\ x_{\mathrm{M}}(i) = x_{\mathrm{M}}(i),\ x_{\mathrm{U}}(i) = \frac{3f(i) - x_{\mathrm{M}}(i) + 2R(i)}{2}.$$

所以, 三元区间数序列转换为三个等价的精确数序列:

$$X = \{\tilde{x}(1), \tilde{x}(2), \cdots, \tilde{x}(n)\} \Leftrightarrow \begin{cases} F = \{f(1), f(2), \cdots, f(n)\} \\ x_{\mathrm{M}} = \{x_{\mathrm{M}}(1), x_{\mathrm{M}}(2), \cdots, x_{\mathrm{M}}(n)\} \\ R = \{R(1), R(2), \cdots, R(n)\} \end{cases}$$

下面给出第 7 章 TIGM(1, 1) 的基于人工神经网络和支持向量机的修正过程. 基于人工神经网络的修正 TIGM(1, 1) 简记为 NNTIGM(1, 1), 基于支持向量机的修正 TIGM(1, 1) 简记为 SVMTIGM(1, 1).

步骤 1 基于原始三元区间数序列 $X = \{\tilde{x}(1), \tilde{x}(2), \cdots, \tilde{x}(n)\}$, 其中, $\tilde{x}(i) = [x_{\mathrm{L}}(i), x_{\mathrm{M}}(i), x_{\mathrm{U}}(i)]$, 建立基于整体发展系数的 TIGM(1, 1), 模型的预测值记为: $\hat{\tilde{x}}(i) = [\hat{x}_{\mathrm{L}}(i), \hat{x}_{\mathrm{M}}(i), \hat{x}_{\mathrm{U}}(i)]$, $i = 1, 2, \cdots, n$.

步骤 2 将三元区间数的原始序列和 TIGM(1, 1) 的预测序列分别转换为三个精确数序列: 重心序列、中界点序列和区间半径序列. 原始区间数序列对应的精确数序列记为: F、x_{M}、R, TIGM(1, 1) 的预测序列对应的精确数序列记为:

$$\hat{F} = \{\hat{f}(1), \hat{f}(2), \cdots, \hat{f}(n)\}$$

$$\hat{x}_{\mathrm{M}} = \{\hat{x}_{\mathrm{M}}(1), \hat{x}_{\mathrm{M}}(2), \cdots, \hat{x}_{\mathrm{M}}(n)\}$$

$$\hat{R} = \{\hat{R}(1), \hat{R}(2), \cdots, \hat{R}(n)\}$$

步骤 3 分别计算三个精确数序列的残差:

$$r_{\mathrm{F}}(i) = f(i) - \hat{f}(i), \ r_{\mathrm{M}}(i) = x_{\mathrm{M}}(i) - \hat{x}_{\mathrm{M}}(i), \ r_{\mathrm{R}}(i) = R(i) - \hat{R}(i).$$

步骤 4 分别对三个残差序列建立 BP 神经网络模型. 设输入数据节点为 k, 即基于 $r(i-1), r(i-2), \cdots, r(i-k)$ 预测 $r(i)$. $r(i-1), r(i-2), \cdots, r(i-k)$ 是输入样本, $r(i)$ 是 BP 神经网络训练的期望目标值. 下面建立三层 BP 神经网络, 用样本对网络进行训练, 直到得到合适的隐层节点数. 根据网络的误差条件和误差反向传播过程, 对网络中的权值和阈值进行调试. 训练结束后, 利用 BP 神经网络对残差序列进行预测. 令神经网络对残差的预测值为 $\hat{r}_{\mathrm{F}}(i)$、$\hat{r}_{\mathrm{M}}(i)$、$\hat{r}_{\mathrm{R}}(i)$.

步骤 5 基于 $\hat{r}_{\mathrm{F}}(i)$、$\hat{r}_{\mathrm{M}}(i)$、$\hat{r}_{\mathrm{R}}(i)$, TIGM(1, 1) 的预测序列对应的精确数序列的修正值为:

$$\hat{f}'(i) = \hat{f}(i) + \hat{r}_F(i), \ \hat{x}'_{\mathrm{M}}(i) = \hat{x}_{\mathrm{M}}(i) + \hat{r}_{\mathrm{M}}(i), \ \hat{R}'(i) = \hat{R}(i) + \hat{r}_{\mathrm{R}}(i).$$

步骤 6　基于 BP 神经网络的修正 TIGM(1, 1) 的修正值为:

$$\hat{x}'_{\mathrm{L}}(i) = \frac{1}{2}[3\hat{f}'(i) - \hat{x}'_{\mathrm{M}}(i) - 2\hat{R}'(i)],$$

$$\hat{x}'_{\mathrm{M}}(i) = \hat{x}_{\mathrm{M}}(i) + \hat{r}_{\mathrm{M}}(i),$$

$$\hat{x}'_{\mathrm{U}}(i) = \frac{1}{2}[3\hat{f}'(i) - \hat{x}'_{\mathrm{M}}(i) + 2\hat{R}'(i)].$$

则得到三元区间数的修正 TIGM(1, 1) 的预测值 $[\hat{x}'_{\mathrm{L}}(i),\ \hat{x}'_{\mathrm{M}}(i),\ \hat{x}'_{\mathrm{U}}(i)]$.

步骤 7　计算相对误差:

$$e_{\mathrm{L}}(i) = [x_{\mathrm{L}}(i) - \hat{x}'_{\mathrm{L}}(i)]/x_{\mathrm{L}}(i),\ e_{\mathrm{M}}(i) = [x_{\mathrm{M}}(i) - \hat{x}'_{\mathrm{M}}(i)]/x_{\mathrm{M}}(i),$$

$$e_{\mathrm{U}}(i) = [x_{\mathrm{U}}(i) - \hat{x}'_{\mathrm{U}}(i)]/x_{\mathrm{U}}(i).$$

支持向量机对 TIGM(1, 1) 的预测值的修正过程与上述过程类似.

8.5　人工神经网络和支持向量机修正的应用实例

例 8-1　国家统计局提供了每个月的消费价格指数 (CPI) 记录. 以一年 12 个月的平均值作为三元区间数的中界点, 将 12 个月的最小值和最大值分别作为三元区间数的下界点和上界点. 我们以 1997−2010 年的记录作为原始序列, 建立 TIGM(1, 1) 和 NNTIGM(1, 1), 并预测 2011 年和 2012 年的值. 1997−2010 年的原始序列如表 8-5 所示. 三个界点序列的 AGO 序列的级比分别为:

$$\sigma_{\mathrm{L}}(k) \in [1.0781, 1.9811],\ \sigma_{\mathrm{M}}(k) \in [1.0812, 2],$$

$$\sigma_{\mathrm{U}}(k) \in [1.0780, 2],\ k \geqslant 2.$$

则三个界点序列的绝对灰度分别为:

$$\delta_{\mathrm{L}} = 0.9030,\ \delta_{\mathrm{M}} = 0.9188,\ \delta_{\mathrm{U}} = 0.9220.$$

三个界点序列的灰度都大于 0.5, 所以序列不满足准指数律, 具有较大的振荡性.

首先用 1997−2010 年的数据建立 TIGM(1, 1), 并对 2011−2012 年的数据进行预测. TIGM(1, 1) 的拟合和预测结果如表 8-5 所示. 1997−2010 年的拟合值的平均相对误差为1.25%, 2011－2012 年预测值的平均相对误差为 1.26%.

表 8-5 TIGM (1, 1) 和 NNTIGM(1, 1) 对 CPI 的拟合与预测结果

年	原始序列	TIGM (1, 1)	NNTIGM(1, 1)
1997	[100.4, 102.8, 105.9]	[100.4, 102.8, 105.9]	
1998	[98.5, 99.2, 100.7]	[99.0, 99.3, 100.0]	
1999	[97.8, 98.6, 99.4]	[99.4, 99.7, 100.4]	
2000	[99.7, 100.4, 101.5]	[99.7, 100.0, 100.8]	
2001	[99.4, 100.7, 101.7]	[100.1, 100.4, 101.1]	
2002	[98.7, 99.2, 100.0]	[100.4, 100.7, 101.5]	
2003	[100.2, 101.2, 103.2]	[100.8, 101.1, 101.8]	[100.2, 101.2, 103.2]
2004	[102.1, 103.9, 105.3]	[101.2, 101.4, 102.2]	[102.1, 103.9, 105.4]
2005	[100.9, 101.8, 103.9]	[101.5, 101.8, 102.6]	[100.9, 101.8, 103.9]
2006	[100.8, 101.5, 102.8]	[101.9, 102.2, 102.9]	[100.8, 101.5, 102.8]
2007	[102.2, 104.8, 106.9]	[102.2, 102.5, 103.3]	[102.2, 104.8, 106.9]
2008	[101.2, 105.9, 108.7]	[102.6, 102.9, 103.6]	[101.2, 105.9, 108.7]
2009	[98.2, 99.3, 101.9]	[103.0, 103.2, 104.0]	[98.2, 99.3, 101.9]
2010	[101.5, 103.3, 105.1]	[103.3, 103.6, 104.4]	[101.5, 103.3, 105.1]
2011	[104.1, 105.4, 106.5]	[103.7, 104.0, 104.8]	[104.5, 106.1, 107.4]
2012	[101.8, 102.6, 104.5]	[104.1, 104.3, 105.1]	[101.9, 103.4, 105.5]
平均相对误差	拟合值(1998－2010):	1.25%	0.01%
	预测值(2011－2012):	1.26%	0.64%

由表 8-5 可以看出, TIGM(1, 1) 的拟合和预测序列是平滑上升的, 只反映了原始序列的整体上升趋势, 但是没有反映原始序列的振荡规律. 下面对原始三元区间数序列和 TIGM(1, 1) 的拟合序列 (1997－2010 年的值) 分别进行变换, 得到变换后的重心序列、中界点序列和区间半径序列的原始序列和拟合序列, 然后分别计算重心序列、中界点序列和区间半径序列的残差: $r_F(i)$, $r_M(i)$, $r_R(i)$. 三个转换序列的残差见表 8-6. 接着运用 BP 神经网络对三个转换序列的残差进行拟合和预测.

在NNTIGM(1,1) 中, 取输入数据的个数为 5. 输出层只有一个节点, 隐含节点的个数为 12. 隐含层传递函数: tansig (S 型的正切函数), 输出层传输函数: purelin (纯线性函数), 学习函数: learngdm (梯度下降动量学习函数), 训练函数: traingdx (变学习率动量梯度下降算法), 训练次数: 1000 次, 学习速率: 0.01, 误差指标: 0.0001. 如果训练误差达到目标或训练次数达到最大值, 则训练结束. NNTIGM(1, 1) 的拟合和预测结果见表 8-5. 可以看出, NNTIGM(1, 1) 的拟合和预测结果反映了原始区间数序列的振荡规律.

表 8-6　三个转换序列的残差

年	$r_F(i)$	$\hat{r}_F(i)$	$r_M(i)$	$\hat{r}_M(i)$	$r_R(i)$	$\hat{r}_R(i)$
1998	0.5907		0.0175		-0.0935	
1999	0.2889		-1.2022		-1.0460	
2000	0.3871		0.3768		0.4003	
2001	0.6353		0.0879		0.3453	
2002	0.1334		-1.5689		-1.5110	
2003	0.9816	0.9801	0.3063	0.2914	0.1315	0.1375
2004	1.0798	1.1013	2.1803	2.1902	2.4727	2.4522
2005	0.9779	0.9708	0.2530	0.2603	0.0126	0.0163
2006	0.4761	0.4800	-0.6089	-0.6041	-0.6487	-0.6516
2007	1.8242	1.8145	1.9613	1.9486	2.2887	2.3053
2008	3.2223	3.2153	2.2301	2.2294	3.0248	3.0234
2009	1.3205	1.3231	-3.6023	-3.5944	-3.9404	-3.9411
2010	1.2686	1.2635	-0.4694	-0.4566	-0.3069	-0.3081
2011	0.6667	0.9255	1.1956	1.8931	1.4253	1.8675
2012	0.8148	1.2516	-1.5408	-0.8925	-1.7438	-0.9563

例 8-2　以桂林某地区从 2014 年 9 月 1 日到 9 月 5 日的电力负荷数据建立模型, 首先把一天分为四个时段: 0:00－6:00, 6:00－12:00, 12:00－18:00, 18:00－24:00, 代表一天生活的四个阶段. 然后将一个周期内的电力负荷最小值、均值、最大值分

别作为三元区间数的下、中、上界点. 原始三元区间数序列见表 8-7. 用 9 月 1 日至 9 月 4 日的数据作为原始序列构建 TIGM(1, 1)、NNTIGM(1, 1)、SVMTIGM(1,1)，并对 9 月 5 日的数据进行预测.

三个界点序列的 AGO 序列的级比分别为：

$$\sigma_{\mathrm{L}}(k) \in [1.0542, 2.0690], \ \sigma_{\mathrm{M}}(k) \in [1.0532, 2.2857],$$
$$\sigma_{\mathrm{U}}(k) \in [1.0533, 2.3721], \ k \geqslant 2.$$

则三个界点序列的绝对灰度分别为：

$$\delta_{\mathrm{L}} = 1.0148, \ \delta_{\mathrm{M}} = 1.2325, \ \delta_{\mathrm{U}} = 1.3188.$$

所以三个界点序列均具有较大的振荡性. TIGM(1, 1) 的拟合与预测结果如表 8-7 所示.

下面继续基于 BP 神经网络进行修正，先将原始三元区间数序列和 TIGM(1,1) 的拟合序列都转换为三个精确数序列：重心序列、中界点序列和区间半径序列. 对三个精确数序列的残差运用 BP 神经网络进行拟合和预测，建模过程与上例类似，输入数据的个数取为 4. NNTIGM(1, 1) 的拟合和预测结果也列入表 8-7 中. 下面用支持向量机对 TIGM(1, 1) 的拟合和预测结果进行修正. 支持向量机的预测结果受模型参数的影响. 我们通过样本训练估计参数，包括核函数的参数 (γ)、惩罚因子 (C) 和不敏感损失函数的参数 (ε). 通过反复试验，取嵌入维数为 $k = 3$，即基于 $r(i-1), r(i-2), r(i-3)$ 预测 $r(i)$. 取高斯核函数为

$$K(x_i, x_j) = \exp(-\gamma \|x_i - x_j\|^2).$$

重心序列、中界点序列和区间半径序列的各自的残差序列对应的参数分别为：

$$r_{\mathrm{F}}(i): \ C = 3.6248, \ \gamma = 1.4672, \ \varepsilon = 0.01.$$
$$r_{\mathrm{R}}(i): \ C = 8.8024, \ \gamma = 2.0341, \ \varepsilon = 0.01.$$
$$r_{\mathrm{M}}(i): \ C = 8.4602, \ \gamma = 0.5683, \ \varepsilon = 0.01.$$

SVMTIGM(1, 1) 的拟合与预测结果也见表 8-7. 可以看出，TIGM(1, 1) 的预测

结果只反映了区间数序列的整体发展趋势, 没有反映振荡规律, 而经过神经网络和支持向量机的修正后, 预测结果能够反映振荡规律, 预测精度得到了很大提高.

表 8-7　TIGM(1,1)、NNTIGM(1,1)和SVMTIGM(1,1)的拟合与预测结果

单位: MW

时间	原始序列	TIGM(1,1)	NNTIGM(1,1)	SVMTIGM(1,1)
9-1 00:00－06:00	[2.9,3.4,4.3]	[2.9,3.4,4.3]		
9-1 06:00－12:00	[3.1,4.4,5.9]	[4.59,5.55,7.00]		
9-1 12:00－18:00	[4.3,5.5,7.3]	[4.56,5.52,6.96]		
9-1 18:00－24:00	[6.1,7.0,7.9]	[4.54,5.50,6.92]		
9-2 00:00－06:00	[3.7,4.1,4.8]	[4.52,5.47,6.89]		[3.70,4.08,4.82]
9-2 06:00－12:00	[3.7,4.8,6.0]	[4.49,5.44,6.85]	[3.71,4.82,5.98]	[3.73,4.81,6.01]
9-2 12:00－18:00	[5.4,6.5,8.3]	[4.47,5.41,6.81]	[5.37,6.46,8.28]	[5.38,6.47,8.30]
9-2 18:00－24:00	[7.2,7.7,8.8]	[4.45,5.38,6.78]	[7.20,7.70,8.80]	[7.26,7.57,8.84]
9-3 00:00－06:00	[4.6,5.2,6.2]	[4.42,5.35,6.74]	[4.60,5.24,6.20]	[4.62,5.22,6.22]
9-3 06:00－12:00	[4.7,5.1,5.3]	[4.40,5.33,6.71]	[4.69,5.09,5.33]	[4.67,5.09,5.36]
9-3 12:00－18:00	[4.9,5.4,6.6]	[4.38,5.30,6.67]	[4.90,5.44,6.60]	[4.87,5.44,6.59]
9-3 18:00－24:00	[4.8,6.5,7.4]	[4.35,5.27,6.64]	[14.80,6.50,7.40]	[4.80,6.49,7.38]
9-4 00:00－06:00	[3.0,3.5,4.2]	[4.33,5.24,6.60]	[3.00,3.48,4.20]	[3.00,3.49,4.22]
9-4 06:00－12:00	[3.5,4.4,5.6]	[4.31,5.22,6.57]	[3.50,4.35,5.61]	[3.52,4.36,5.60]
9-4 12:00－18:00	[4.3,5.1,6.3]	[4.28,5.19,6.53]	[4.33,5.09,6.30]	[4.32,5.08,6.30]
9-4 18:00－24:00	[5.1,5.9,6.3]	[4.26,5.16,6.50]	[5.10,5.85,6.30]	[5.07,5.86,6.29]
9-5 00:00－06:00	[3.2,3.6,4.2]	[4.24,5.13,6.47]	[3.06,3.80,4.92]	[3.47,3.72,5.16]
9-5 06:00－12:00	[3.3,4.1,5.0]	[4.22,5.11,6.43]	[3.21,4.42,4.95]	[3.63,4.53,5.20]
9-5 12:00－18:00	[4.1,4.6,5.5]	[4.20,5.08,6.40]	[4.30,5.00,5.97]	[3.99,4.58,5.19]
9-5 18:00－24:00	[4.8,6.3,7.3]	[4.17,5.05,6.37]	[5.27,5.51,6.53]	[5.14,5.86,8.32]
平均相对误差		拟合值: 20.44%	拟合值: 0.16%	拟合值: 0.36%
		预测值: 23.74%	预测值: 7.54%	预测值: 7.99%

第 9 章　基于整体发展系数的区间数多变量灰色模型

多变量灰色模型主要有 GM(1, N) 和 GM(0, N), 二者都是考虑其他序列对参考序列的影响, 但还是有所不同. GM (1, N) 是属于状态预测模型, 反映 N-1 个变量对某一变量一阶导数的影响. 而 GM(0, N) 为静态预测模型, 不考虑变量的导数, 与线性回归模型形式相似, 但其建立在累加生成数列的基础上. GM(1, N) 需要的样本数据量小, 弥补了线性回归模型样本容量需求较大的不足, 同时模型也考虑了多个相关因素对预测序列的影响, 因此 GM(1, N) 在预测决策领域得到了广泛应用. 目前已经有一些学者对区间灰数 GM(1, N) 进行了研究. 如文献 [74], 以核和灰度两个维度为基础, 分别建立核序列和灰度序列的 MGM(1, m), 通过核和灰度的模拟预测值还原计算得到多变量中各个变量对应的区间灰数序列的上界和下界, 从而构建基于区间灰数序列的 MGM(1, m). 本章将基于整体发展系数, 使 GM(1, N) 和 GM(0, N) 能直接适用于区间数序列.

9.1　经典 GM(1, N) 和 GM(0, N) 的模型方程

设 $X_1^{(0)} = \{x_1^{(0)}(1), x_1^{(0)}(2), \cdots, x_1^{(0)}(n)\}$ 为系统特征序列 (或因变量序列), 设 $X_i^{(0)} = \{x_i^{(0)}(1), x_i^{(0)}(2), \cdots, x_i^{(0)}(n)\}, i = 2, 3, \cdots, N$ 为相关因素序列 (或自变量序列).

$X_i^{(0)}, i = 1, 2, \cdots, N$ 的一次累加生成 (1-AGO) 序列为

$$X_i^{(1)} = \{x_i^{(1)}(1), x_i^{(1)}(2), \cdots, x_i^{(1)}(n)\},$$

其中, $x_i^{(1)}(p) = \sum\limits_{k=1}^{p} x_i^{(0)}(k), \ p = 1, 2, \cdots, n.$

$X_1^{(1)}$ 的紧邻均值生成序列为

$$Z_1^{(1)} = \{z_1^{(1)}(1), z_1^{(1)}(2), \cdots, z_1^{(1)}(n)\},$$

其中, $z_1^{(1)}(k) = 0.5x_1^{(1)}(k-1) + 0.5x_1^{(1)}(k)$, $k = 2, 3, \cdots, N$.

GM $(1, N)$ 的白化方程为

$$\frac{\mathrm{d}x_1^{(1)}}{\mathrm{d}t} + ax_1^{(1)} = \sum_{i=2}^{N} b_i x_i^{(1)},$$

其中, 一次累加生成序列 $x_1^{(1)}$ 被认为是时间 t 的连续函数.

GM $(1, N)$ 白化方程的差分方程, 即定义型方程为

$$x_1^{(0)}(k) + az_1^{(1)}(k) = \sum_{i=2}^{N} b_i x_i^{(1)}(k),$$

其中, a 称为系统发展系数, b_2, b_3, $\cdots, b_N$ 称为驱动系数.

GM $(0, N)$ 的模型方程为

$$x_1^{(1)}(k) = \sum_{i=2}^{N} b_i x_i^{(1)}(k) + a,$$

其中, a 称为补偿系数, b_2, b_3, $\cdots, b_N$ 称为驱动系数.

9.2　区间数 GM$(1, N)$

设三元区间数序列 $\tilde{X}_1^{(0)} = \{\tilde{x}_1^{(0)}(1), \tilde{x}_1^{(0)}(2), \cdots, \tilde{x}_1^{(0)}(n)\}$ 表示系统行为特征, 设影响系统行为特征的相关因素有 N-1 个, 表示为下列 N-1 个三元区间数序列:

$$\tilde{X}_2^{(0)} = \{\tilde{x}_2^{(0)}(1), \tilde{x}_2^{(0)}(2), \cdots, \tilde{x}_2^{(0)}(n)\},$$
$$\tilde{X}_3^{(0)} = \{\tilde{x}_3^{(0)}(1), \tilde{x}_3^{(0)}(2), \cdots, \tilde{x}_3^{(0)}(n)\},$$
$$\vdots$$
$$\tilde{X}_N^{(0)} = \{\tilde{x}_N^{(0)}(1), \tilde{x}_N^{(0)}(2), \cdots, \tilde{x}_N^{(0)}(n)\}.$$

这里每个数据都取为三元区间数的类型, 即

$$\tilde{x}_i^{(0)}(t) = [x_{iL}^{(0)}(t), x_{iM}^{(0)}(t), x_{iU}^{(0)}(t)], \ i = 1, 2, \cdots, N, \ t = 1, 2, \cdots, n.$$

若某个因素收集的数据只有上、下界点, 则将中界点取为上、下界点的平均值, 即令 $x_{iM}^{(0)}(t) = \dfrac{x_{iL}^{(0)}(t) + x_{iU}^{(0)}(t)}{2}$, 使每个数据成为三元区间数后代入模型.

若某个因素收集的数据是精确数, 则令上、中、下界点都等于此数, 即令 $x_{iL}^{(0)}(t) = x_{iM}^{(0)}(t) = x_{iU}^{(0)}(t)$.

下面对上述 N 个序列分别做一次累加生成 (1-AGO):

$$\tilde{x}_i^{(1)}(k) = \sum_{t=1}^{k} \tilde{x}_i^{(0)}(t), \ i = 1, 2, \cdots, N, \ k = 1, 2, \cdots, n.$$

其中, $\tilde{x}_i^{(1)}(k) = [x_{iL}^{(1)}(k), x_{iM}^{(1)}(k), x_{iU}^{(1)}(k)]$, $\sum_{t=1}^{k} \tilde{x}_i^{(0)}(t) = [\sum_{t=1}^{k} x_{iL}^{(0)}(t), \sum_{t=1}^{k} x_{iM}^{(0)}(t), \sum_{t=1}^{k} x_{iU}^{(0)}(t)]$. 并设 $\tilde{X}_i^{(1)}$ 为 $\tilde{X}_i^{(0)}$ 的一次累加生成序列, 即令

$$\tilde{X}_i^{(1)} = \{\tilde{x}_i^{(1)}(1), \tilde{x}_i^{(1)}(2), \cdots, \tilde{x}_i^{(1)}(n)\}, \ i = 1, 2, \cdots, N.$$

对系统行为特征序列 $\tilde{X}_1^{(0)}$ 的一次累加生成序列 $\tilde{X}_1^{(1)}$ 做等权紧邻均值生成:

$$\begin{aligned}
\tilde{z}_1^{(1)}(k) &= [z_{1L}^{(1)}(k), z_{1M}^{(1)}(k), z_{1U}^{(1)}(k)] \\
&= [0.5(x_{1L}^{(1)}(k) + x_{1L}^{(1)}(k-1)), 0.5(x_{1M}^{(1)}(k) + x_{1M}^{(1)}(k-1)), \\
&\quad 0.5(x_{1U}^{(1)}(k) + x_{1U}^{(1)}(k-1))], \ k = 2, 3, \cdots, n.
\end{aligned}$$

设 $\tilde{Z}_1^{(1)}$ 为等权紧邻均值生成序列, 即,

$$\tilde{Z}_1^{(1)} = \{\tilde{z}_1^{(1)}(2), \tilde{z}_1^{(1)}(3) \cdots, \tilde{z}_1^{(1)}(n)\}.$$

现在, 为了提高对三元区间数的处理精度, 给 GM(1 ,N) 增加一个取为三元区间数的补偿系数, 则三元区间数 GM(1, N) (TIGM(1, N)) 的定义型方程为:

$$\tilde{x}_1^{(0)}(k) + a\tilde{z}_1^{(1)}(k) = \sum_{i=2}^{N} b_i \tilde{x}_i^{(1)}(k) + \tilde{h}, \ k = 2, 3, \cdots, n. \tag{9-1}$$

其中, a, b_2, b_3, $\cdots$, b_N 设定为精确数, 分别称为区间数序列的整体发展系数和驱动系数, $\tilde{h}$ 称为区间数序列的补偿系数, 取为三元区间数, 即 $\tilde{h} = [h_L, h_M, h_U]$.

展开式 (9-1) 得

$$\begin{aligned}
&[x_{1L}^{(0)}(k), x_{1M}^{(0)}(k), x_{1U}^{(0)}(k)] + a[z_{1L}^{(1)}(k), z_{1M}^{(1)}(k), z_{1U}^{(1)}(k)] \\
&= \sum_{i=2}^{N} b_i [x_{iL}^{(1)}(k), x_{iM}^{(1)}(k), x_{iU}^{(1)}(k)] + [h_L, h_M, h_U].
\end{aligned} \tag{9-2}$$

由区间数的运算律, 定义型方程等价于下列三个方程:

$$x_{1\mathrm{L}}^{(0)}(k) + az_{1\mathrm{L}}^{(1)}(k) = \sum_{i=2}^{N} b_i x_{i\mathrm{L}}^{(1)}(k) + h_{\mathrm{L}},$$

$$x_{1\mathrm{M}}^{(0)}(k) + az_{1\mathrm{M}}^{(1)}(k) = \sum_{i=2}^{N} b_i x_{i\mathrm{M}}^{(1)}(k) + h_{\mathrm{M}},$$

$$x_{1\mathrm{U}}^{(0)}(k) + az_{1\mathrm{U}}^{(1)}(k) = \sum_{i=2}^{N} b_i x_{i\mathrm{U}}^{(1)}(k) + h_{\mathrm{U}},$$

$$k = 2, 3, \cdots, n.$$

由上式可以看出, 上、中、下界点序列的预测都将采用相同的整体发展系数和驱动系数, 这反映了区间数各界点序列的整体性, 并且可以避免各界点大小次序混乱. 增加一个取为三元区间数的补偿系数, 可以弥补整体发展系数和驱动系数造成的预测精度降低.

9.3　TIGM$(1, N)$ 的预测公式

TIGM$(1, N)$ 的定义型方程中, $\tilde{x}_1^{(0)}(k)$ 精确数 GM$(1, N)$ 的预测公式是借用了其白化微分方程的解, 而参数的估计则是由其定义型方程推导而来, 这就造成了模型的结构性误差. 这种情况在单变量的 GM$(1, 1)$ 中也存在, 很多学者对 GM$(1, 1)$ 的这种误差进行了纠正, 给出了直接由 GM$(1, 1)$ 的定义型方程推导而来的内涵型预测公式. 这里, 也直接由 TIGM$(1, N)$ 的定义型方程推导出此模型的内涵型预测公式.

定理 9.1 TIGM$(1, N)$ 的定义型方程等价于

$$\tilde{x}_1^{(0)}(k) = \frac{\sum\limits_{i=2}^{N} b_i \tilde{x}_i^{(1)}(k) + \tilde{h} - a\tilde{x}_1^{(1)}(k-1)}{1 + 0.5a}, \quad k = 2, 3, \cdots, n. \tag{9-3}$$

证明　将 $\tilde{z}_1^{(1)}(k) = 0.5[\tilde{x}_1^{(1)}(k) + \tilde{x}_1^{(1)}(k-1)]$ 代入 TIGM$(1, N)$ 模型的定义型方程 (9-1) 得

$$\tilde{x}_1^{(0)}(k) + 0.5a[\tilde{x}_1^{(1)}(k) + \tilde{x}_1^{(1)}(k-1)] = \sum_{i=2}^{N} b_i \tilde{x}_i^{(1)}(k) + \tilde{h}.$$

又 $\tilde{x}_1^{(1)}(k) = \sum\limits_{j=1}^{k} \tilde{x}_1^{(0)}(j) = \tilde{x}_1^{(0)}(k) + \tilde{x}_1^{(1)}(k-1)$, 代入上式得

$$\tilde{x}_1^{(0)}(k) + 0.5a[\tilde{x}_1^{(0)}(k) + 2\tilde{x}_1^{(1)}(k-1)] = \sum_{i=2}^{N} b_i \tilde{x}_i^{(1)}(k) + \tilde{h}.$$

推导得

$$\tilde{x}_1^{(0)}(k) = \frac{\sum\limits_{i=2}^{N} b_i \tilde{x}_i^{(1)}(k) + \tilde{h} - a\tilde{x}_1^{(1)}(k-1)}{1 + 0.5a}, \ k = 2, 3, \cdots, n$$

式 (9-3) 是一个递推式, 令初始条件为 $\hat{\tilde{x}}_1^{(1)}(1) = \tilde{x}_1^{(0)}(1)$, 可以由此式递推得系统行为特征序列的预测序列 $\hat{\tilde{X}}_1^{(0)} = \{\hat{\tilde{x}}_1^{(0)}(1), \hat{\tilde{x}}_1^{(0)}(2), \cdots, \hat{\tilde{x}}_1^{(0)}(n), \cdots\}$. 递推过程如下:

令 $k = 2$ 得, $\hat{\tilde{x}}_1^{(0)}(2) = [\sum\limits_{i=2}^{N} b_i \tilde{x}_i^{(1)}(2) + \tilde{h} - a\hat{\tilde{x}}_1^{(1)}(1)]/(1 + 0.5a)$, 其中, $\hat{\tilde{x}}_1^{(1)}(1) = \tilde{x}_1^{(0)}(1)$.

令 $k = 3$ 得, $\hat{\tilde{x}}_1^{(0)}(3) = [\sum\limits_{i=2}^{N} b_i \tilde{x}_i^{(1)}(3) + \tilde{h} - a\hat{\tilde{x}}_1^{(1)}(2)]/(1 + 0.5a)$, 其中, $\hat{\tilde{x}}_1^{(1)}(2) = \hat{\tilde{x}}_1^{(0)}(1) + \hat{\tilde{x}}_1^{(0)}(2)$.

以此类推. 此递推式等价于下列三式:

$$x_{1\mathrm{L}}^{(0)}(k) = \frac{\sum\limits_{i=2}^{N} b_i x_{i\mathrm{L}}^{(1)}(k) + h_{\mathrm{L}} - a x_{1\mathrm{L}}^{(1)}(k-1)}{1 + 0.5a},$$

$$x_{1\mathrm{M}}^{(0)}(k) = \frac{\sum\limits_{i=2}^{N} b_i x_{i\mathrm{M}}^{(1)}(k) + h_{\mathrm{M}} - a x_{1\mathrm{M}}^{(1)}(k-1)}{1 + 0.5a},$$

$$x_{1\mathrm{U}}^{(0)}(k) = \frac{\sum\limits_{i=2}^{N} b_i x_{i\mathrm{U}}^{(1)}(k) + h_{\mathrm{U}} - a x_{1\mathrm{U}}^{(1)}(k-1)}{1 + 0.5a}.$$

由以上三式分别递推, 可得区间数各界点的预测值.

9.4 参　数　估　计

先确定 TIGM(1, N) 的整体发展系数和驱动系数, 再确定补偿系数. 整体发展系数和驱动系数取为上、中、下界点序列各自对应的发展系数和驱动系数的加权平均值. 上、中、下界点序列各自对应的发展系数和驱动系数的估计将采用作者在文

献 [57] 中提出的新息优先累积法. 新息优先原则是使越新的信息对预测的作用越大. 下面给出区间数的下界点序列的发展系数和驱动系数$(a_\mathrm{L}, b_{2\mathrm{L}}, b_{3\mathrm{L}}, \cdots, b_{N\mathrm{L}})$的新息优先累积法的估计过程. 中界点序列和下界点序列对应的发展系数和驱动系数的估计过程与此类似. 先移除 TIGM$(1, N)$ 定义型方程的补偿系数, 并将方程中的整体发展系数和驱动系数 $(a, b_2, b_3, \cdots, b_N)$ 改为下界点序列对应的发展系数和驱动系数 $(a_\mathrm{L}, b_{2\mathrm{L}}, b_{3\mathrm{L}}, \cdots, b_{N\mathrm{L}})$ 得

$$x_{1\mathrm{L}}^{(0)}(k) + a_\mathrm{L} z_{1\mathrm{L}}^{(1)}(k) = \sum_{i=2}^{N} b_{i\mathrm{L}} x_{i\mathrm{L}}^{(1)}(k). \tag{9-4}$$

因为方程有 N 个待估参数, 所以两边施加 1 至 N 阶新息优先累积和算子: $D^{(r)}$, $r = 1, 2, \cdots, N$.

$$D^{(1)} x_{1\mathrm{L}}^{(0)}(k) + a_\mathrm{L} D^{(1)} z_{1\mathrm{L}}^{(1)}(k) = \sum_{i=2}^{N} b_{i\mathrm{L}} D^{(1)} x_{i\mathrm{L}}^{(1)}(k),$$

$$D^{(2)} x_{1\mathrm{L}}^{(0)}(k) + a_\mathrm{L} D^{(2)} z_{1\mathrm{L}}^{(1)}(k) = \sum_{i=2}^{N} b_{i\mathrm{L}} D^{(2)} x_{i\mathrm{L}}^{(1)}(k),$$

$$\cdots$$

$$D^{(N)} x_{1\mathrm{L}}^{(0)}(k) + a_\mathrm{L} D^{(N)} z_{1\mathrm{L}}^{(1)}(k) = \sum_{i=2}^{N} b_{i\mathrm{L}} D^{(N)} x_{i\mathrm{L}}^{(1)}(k).$$

其中, $D^{(r)} x_{1\mathrm{L}}^{(0)}(k) = \sum_{k=2}^{n} \mathrm{C}_{k+r-2}^{r-1} x_{1\mathrm{L}}^{(0)}(k)$, $D^{(r)} z_{1\mathrm{L}}^{(1)}(k) = \sum_{k=2}^{n} \mathrm{C}_{k+r-2}^{r-1} z_{1\mathrm{L}}^{(1)}(k)$, $D^{(r)} x_{i\mathrm{L}}^{(1)}(k) = \sum_{k=2}^{n} \mathrm{C}_{k+r-2}^{r-1} x_{i\mathrm{L}}^{(1)}(k)$, $i = 2, 3, \cdots, N$, $r = 1, 2, \cdots, N$. 令

$$\boldsymbol{B}_\mathrm{L} = \begin{bmatrix} D^{(1)} x_{2\mathrm{L}}^{(1)}(k) & D^{(1)} x_{3\mathrm{L}}^{(1)}(k) & \cdots & D^{(1)} x_{N\mathrm{L}}^{(1)}(k) & D^{(1)} z_{1\mathrm{L}}^{(1)}(k) \\ D^{(2)} x_{2\mathrm{L}}^{(1)}(k) & D^{(2)} x_{3\mathrm{L}}^{(1)}(k) & \cdots & D^{(2)} x_{N\mathrm{L}}^{(1)}(k) & D^{(2)} z_{1\mathrm{L}}^{(1)}(k) \\ \vdots & \vdots & & \vdots & \vdots \\ D^{(N)} x_{2\mathrm{L}}^{(1)}(k) & D^{(N)} x_{3\mathrm{L}}^{(1)}(k) & \cdots & D^{(N)} x_{N\mathrm{L}}^{(1)}(k) & D^{(N)} z_{1\mathrm{L}}^{(1)}(k) \end{bmatrix},$$

$$\boldsymbol{Y}_\mathrm{L} = \begin{bmatrix} D^{(1)} x_{1\mathrm{L}}^{(0)}(k) \\ D^{(2)} x_{1\mathrm{L}}^{(0)}(k) \\ \vdots \\ D^{(N)} x_{1\mathrm{L}}^{(0)}(k) \end{bmatrix}, \quad \boldsymbol{A}_\mathrm{L} = \begin{bmatrix} b_{2\mathrm{L}} \\ \vdots \\ b_{N\mathrm{L}} \\ -a_\mathrm{L} \end{bmatrix}.$$

则下界点序列对应的发展系数和驱动系数的估计为

$$A_{\mathrm{L}} = B_{\mathrm{L}}^{-1} Y_{\mathrm{L}}. \tag{9-5}$$

将式 (9-4) 中的下界点序列分别改为中界点序列和上界点序列, 类似的由新息优先累积法可得到中界点序列和上界点序列对应的发展系数和驱动系数的估计值:

$$\begin{bmatrix} b_{2\mathrm{M}} \\ \vdots \\ b_{N\mathrm{M}} \\ -a_{\mathrm{M}} \end{bmatrix} = B_{\mathrm{M}}^{-1} Y_{\mathrm{M}}, \quad \begin{bmatrix} b_{2\mathrm{U}} \\ \vdots \\ b_{N\mathrm{U}} \\ -a_{\mathrm{U}} \end{bmatrix} = B_{\mathrm{U}}^{-1} Y_{\mathrm{U}}.$$

将三元区间数序列的整体发展系数和驱动系数取为三个界点序列的发展系数和驱动系数的加权平均值:

$$\begin{bmatrix} b_2 \\ \vdots \\ b_N \\ -a \end{bmatrix} = \alpha \begin{bmatrix} b_{2\mathrm{L}} \\ \vdots \\ b_{N\mathrm{L}} \\ -a_{\mathrm{L}} \end{bmatrix} + \beta \begin{bmatrix} b_{2\mathrm{M}} \\ \vdots \\ b_{N\mathrm{M}} \\ -a_{\mathrm{M}} \end{bmatrix} + \gamma \begin{bmatrix} b_{2\mathrm{U}} \\ \vdots \\ b_{N\mathrm{U}} \\ -a_{\mathrm{U}} \end{bmatrix}.$$

其中, $\alpha + \beta + \gamma = 1$.

下面给出补偿系数的确定过程. 将前面得到的整体发展系数和驱动系数的估计值代入 TIGM$(1, N)$ 的定义型方程:

$$\tilde{x}_1^{(0)}(k) + a\tilde{z}_1^{(1)}(k) = \sum_{i=2}^{N} b_i \tilde{x}_i^{(1)}(k) + \tilde{h}.$$

对此方程施加一阶新息优先累积和算子得

$$D^{(1)}\tilde{x}_1^{(0)}(k) + aD^{(1)}\tilde{z}_1^{(1)}(k) = \sum_{i=2}^{N} b_i D^{(1)}\tilde{x}_i^{(1)}(k) + D^{(1)}\tilde{h}.$$

其中,

$$D^{(1)}\tilde{h} = (n-1)\tilde{h}, \ D^{(1)}\tilde{z}_1^{(1)}(k) = \sum_{k=2}^{n} \tilde{z}_1^{(1)}(k),$$

$$D^{(1)}\tilde{x}_i^{(0)}(k) = \sum_{k=2}^{n} \tilde{x}_i^{(0)}(k), \ i = 1, 2, \cdots, N.$$

则

$$\tilde{h} = [h_\mathrm{L}, h_\mathrm{M}, h_\mathrm{U}] = \frac{\sum\limits_{k=2}^{n} \tilde{x}_1^{(0)}(k) + a \sum\limits_{k=2}^{n} \tilde{z}_1^{(1)}(k) - \sum\limits_{i=2}^{N} b_i \sum\limits_{k=2}^{n} \tilde{x}_i^{(1)}(k)}{n-1}. \tag{9-6}$$

9.5　全国发电量的区间预测

发电量随着用电量的变化而变化, 而用电量很大程度上与经济发展有关. 下面以全国的发电量为系统行为特征, 采用全国用电量和国内生产总值作为影响发电量的两个主要因素建立预测模型. 中国电力企业联合会官网 (www.cec.org.cn) 给出了从 2010−2017 年全国发电量和用电量的月度数据. 但是有的年份 1 月、2 月及 12 月的数据缺失, 我们以每年 3−11 月数据中的最小值、平均值和最大值分别作为三元区间数的下界点、中界点和上界点. 国内生产总值则只用年度数据, 令下、中、上界点都等于此年度数据. 全国发电量、用电量和 GDP 的原始区间数据见表 9-1.

表 9-1　全国发电量、用电量和GDP的原始区间数据

年	发电量/TW·h	用电量/TW·h	GDP/百亿元
2010	[3316, 3501, 3903]	[3394, 3562, 3975]	[41303.03, 41303.03, 41303.03]
2011	[3640, 3885, 4260]	[3768, 3970, 4349]	[48930.06, 48930.06, 48930.06]
2012	[3718, 4022, 4373]	[3899, 4166, 4556]	[54036.74, 54036.74, 54036.74]
2013	[3994, 4370, 4987]	[4165, 4491, 5103]	[59524.44, 59524.44, 59524.44]
2014	[4250, 4584, 5048]	[4356, 4651, 5097]	[64397.40, 64397.40, 64397.40]
2015	[4450, 4686, 5155]	[4415, 4669, 5124]	[68905.21, 68905.21, 68905.21]
2016	[4445, 4968, 5617]	[4569, 5007, 5631]	[74412.72, 74412.72, 74412.72]
2017	[4767, 5281, 6047]	[4847, 5335, 6072]	[82712.19, 82712.19, 82712.19]

首先, 给出全国发电量与两个因素序列之间的灰色关联度. 设系统行为特征序列 $\tilde{X}_1^{(0)}$ 与因素序列 ($\tilde{X}_2^{(0)}$ 与 $\tilde{X}_3^{(0)}$) 的灰色关联度如下:

$$r(\tilde{X}_1^{(0)}, \tilde{X}_i^{(0)}) = \frac{1}{n} \sum_{k=1}^{n} \frac{d_{\min} + 0.5 d_{\max}}{d_{1i}(k) + 0.5 d_{\max}}, \ i = 2, \ 3,$$

其中,

$$d_{1i}(k) = \frac{\sqrt{3}}{3}\sqrt{\left[x_{1L}^{(0)}(k) - x_{iL}^{(0)}(k)\right]^2 + \left[x_{1M}^{(0)}(k) - x_{iM}^{(0)}(k)\right]^2 + \left[x_{1U}^{(0)}(k) - x_{iU}^{(0)}(k)\right]^2},$$

称为特征序列与因素序列的距离, $d_{\min} = \min_i \min_k d_{1i}(k)$, $d_{\max} = \max_i \max_k d_{1i}(k)$.

如果 $r(\tilde{X}_1^{(0)}, \tilde{X}_i^{(0)}) \geqslant 0.5$, 则 $\tilde{X}_1^{(0)}$ 与 $\tilde{X}_i^{(0)}$ 有较强的相关性. 通过计算, 得到发电量和用电量的灰色关联度为 $r(\tilde{X}_1^{(0)}, \tilde{X}_2^{(0)}) = 0.94$. GDP和用电量的灰色关联度为 $r(\tilde{X}_1^{(0)}, \tilde{X}_3^{(0)}) = 0.46$. $r(\tilde{X}_1^{(0)}, \tilde{X}_2^{(0)})$ 接近 1, 比 $r(\tilde{X}_1^{(0)}, \tilde{X}_3^{(0)})$ 大, 所以用电量是发电量的主要影响因素, 而 $r(\tilde{X}_1^{(0)}, \tilde{X}_3^{(0)})$ 接近 0.5, 所以 GDP 也是影响发电量的因素之一.

用 2010 − 2014 年的数据建立 TIGM(1, 3), 预测 2015 − 2017 年的区间数. 由新息优先累积法得三个界点序列各自对应的发展系数和驱动系数是:

$$\boldsymbol{A}_L = \begin{bmatrix} b_{2L} \\ b_{3L} \\ a_L \end{bmatrix} = \begin{bmatrix} 1.6903 \\ 0.6269 \\ 2.4768 \end{bmatrix}, \quad \boldsymbol{A}_M = \begin{bmatrix} b_{2M} \\ b_{3M} \\ a_M \end{bmatrix} = \begin{bmatrix} 1.6439 \\ 0.6501 \\ 2.3734 \end{bmatrix},$$

$$\boldsymbol{A}_U = [b_{2U}, b_{3U}, a_U]^T = [1.2780, 1.3026, 2.5839]^T.$$

整体发展系数和驱动系数取为:

$$\boldsymbol{A} = \alpha \boldsymbol{A}_L + \beta \boldsymbol{A}_M + \gamma \boldsymbol{A}_U,$$

其中, $\alpha + \beta + \gamma = 1$. α, β, γ 可以由决策者的偏好决定. 因为一般决策者更偏好中界点, 所以这里取 $\alpha = 0.25$, $\beta = 0.5$, $\gamma = 0.25$, 则得整体发展系数和驱动系数为

$$a = 2.4519, \quad b_2 = 1.5640, \quad b_3 = 0.8074.$$

由式 (9-6) 得 $\tilde{h} = [-0.3606, -0.0665, 0.2935]$. TIGM(1, 3) 的预测结果见表 9-2. 表 9-2 同时也给出了基于整体发展系数和驱动系数的 TIGM(1, 1) 和第 3 章提出的基于序列转换的 GM(1, 1) 的预测结果.

表 9-2　全国发电量的三元区间数预测结果

单位: TW·h

年	界点	TIGM(1, 3)	TIGM(1, 1)	第 3 章模型
2011	下	3354.7972	3730.1684	3683.7444
	中	3842.9124	4031.9244	3919.5120
	上	4480.2476	4464.9940	4299.1940
2012	下	3909.8956	3843.9072	3886.3520
	中	4043.5304	4154.6164	4150.6372
	上	4246.4696	4600.9500	4574.7536
2013	下	4196.0664	3960.9620	4099.9024
	中	4405.9692	4281.2876	4395.6896
	上	4805.5472	4741.2168	4869.5460
2014	下	4439.7924	4081.9960	4324.3956
	中	4621.1776	4411.9380	4655.0008
	上	4886.7892	4885.7944	5184.2344
2015	下	4586.6912	4206.3460	4560.4948
	中	4742.8748	4546.5676	4929.5656
	上	5028.0508	5035.0144	5520.8084
2016	下	4838.0440	4334.6752	4808.5316
	中	5122.8884	4685.1764	5220.3788
	上	5522.1348	5188.5452	5880.5944
2017	下	5244.9172	4466.6520	5069.5008
	中	5551.3156	4828.0960	5528.1036
	上	6016.5504	5346.7184	6265.5820
平均相对误差	2011—2014	3.39%	3.47%	2.24%
	2015—2017	4%	5.89%	5.26%

9.6　消费者价格指数的区间预测

下面取全国消费者价格指数为系统行为特征, 食品和穿着的 CPI 作为两个影响因素, 将每年 12 个月的数据中的最小值、平均值、最大值分别作为三元区间数的下界点、中界点、上界点. 表 9-3 给出了 2010－2017 年CPI的三元区间数序列. 表 9-4 是CPI的三元区间数预测结果.

表 9-3 CPI 的三元区间数序列

年	全国CPI	食品CPI	穿着CPI
2010	[101.5, 103.3, 105.1]	[103.7, 107.2, 111.7]	[98.5, 99, 100.1]
2011	[104.1, 105.4, 106.5]	[108.8, 111.8, 114.8]	[99.8, 102.1, 103.8]
2012	[101.7, 102.6, 104.5]	[101.8, 104.8, 107.5]	[102.3, 103.1, 103.8]
2013	[102.0, 102.6, 103.2]	[102.7, 104.7, 106.5]	[102.0, 102.3, 102.5]
2014	[101.4, 102.0, 102.6]	[102.3, 103.1, 104.1]	[101.9, 102.4, 102.6]
2015	[100.8, 101.4, 102.0]	[101.1, 102.3, 103.7]	[102.0, 102.7, 102.9]
2016	[101.3, 102.0, 102.3]	[101.3, 104.6, 107.6]	[101.2, 101.4, 101.9]
2017	[100.8, 101.6, 102.5]	[95.6, 98.6, 102.7]	[100.4, 101.3, 101.4]

表 9-4 CPI 的三元区间数预测结果

年	界点	TIGM(1, 3)	TIGM(1, 1)	第 3 章模型
2015	下	101.6552	99.7682	100.2061
	中	102.4087	100.5999	100.5777
	上	102.7119	101.6272	101.1643
2016	下	100.8980	98.7767	99.3042
	中	101.3416	99.6002	99.5782
	上	102.0770	100.6172	100.0476
2017	下	99.6574	97.7951	98.3875
	中	100.7718	98.6104	98.5894
	上	101.1915	99.6173	98.9650
平均绝对百分比误差	2011－2014	0.35%	0.47%	0.44%
	2015－2017	0.78%	1.93%	1.95%

通过计算, 得到全国 CPI 与食品 CPI 的灰色关联度为 $r(\tilde{X}_1^{(0)}, \tilde{X}_2^{(0)}) = 0.63$, 全国 CPI 与穿着 CPI 的灰色关联度为 $r(\tilde{X}_1^{(0)}, \tilde{X}_2^{(0)}) = 0.87$. 两个关联度都大于 0.5,

所以食品 CPI 和穿着 CPI 都是全国 CPI 的主要因素. 用 2010−2014 年的数据建立 TIGM(1, 3), 预测 2015−2017 年的区间数. TIGM(1, 3) 的预测结果见表 9-4. 表 9-4 也给出了基于整体发展系数的 TIGM(1, 1) 模型和基于序列转换的第 3 章模型的预测结果. 从表 9-4 可以看出, TIGM(1, 3) 的预测精度优于 TIGM(1, 1) 和第 3 章模型. TIGM (1, 3) 考虑了多个因素变量对系统行为特征变量的影响, 预测结果随影响因素的波动而波动, 预测精度很高. TIGM(1, 1) 仅建立在系统行为的单一变量上, 能够反映系统行为本身的整体发展趋势, 但不能反映系统行为特征的波动.

9.7　区间数 GM(0, N)

定义 9.1 三元区间数序列的 GM(0, N) 模型方程 (TIGM(0, N)) 为

$$\tilde{x}_1^{(1)}(k) = b_2\tilde{x}_2^{(1)}(k) + b_3\tilde{x}_3^{(1)}(k) + \cdots + b_N\tilde{x}_N^{(1)}(k) + \tilde{a},$$

其中,

$$\tilde{x}_i^{(1)}(k) = [x_{iL}^{(1)}(k), x_{iM}^{(1)}(k), x_{iU}^{(1)}(k)] = [\sum_{j=1}^{k} x_{iL}^{(0)}(j), \sum_{j=1}^{k} x_{iM}^{(0)}(j), \sum_{j=1}^{k} x_{iU}^{(0)}(j)],$$
$$i = 1, 2, \cdots, N, \ k = 1, 2, \cdots, n$$

b_2, b_3, $\cdots$, b_N 为模型的整体驱动系数, 都取为精确数, 而 $\tilde{a}$ 称为补偿系数, 取为三元区间数 $\tilde{a} = [a_L, a_M, a_U]$.

首先给出三元区间数中界点序列的驱动系数 (b_{2M}, b_{3M}, $\cdots$, b_{NM}) 的基于最小二乘法的估计过程. 下界点序列和上界点序列对应的驱动系数的估计过程与此类似, 将 TIGM(0, N) 模型方程中的整体驱动系数改为中界点序列对应的驱动系数, 并代入中界点的 1-AGO 序列得

$$x_{1M}^{(1)}(k) = b_{2M}x_{2M}^{(1)}(k) + b_{3M}x_{3M}^{(1)}(k) + \cdots + b_{NM}x_{NM}^{(1)}(k) + a. \tag{9-7}$$

则由最小二乘法得

$$\hat{b} = [b_{2M}, b_{3M}, \cdots, b_{nM}, a]^{\mathrm{T}} = (A^{\mathrm{T}}A)^{-1}A^{\mathrm{T}}Y,$$

其中,

$$
A = \begin{bmatrix} x_{2\mathrm{M}}^{(1)}(2) & x_{3\mathrm{M}}^{(1)}(2) & \cdots & x_{n\mathrm{M}}^{(1)}(2) & 1 \\ x_{2\mathrm{M}}^{(1)}(3) & x_{3\mathrm{M}}^{(1)}(3) & \cdots & x_{n\mathrm{M}}^{(1)}(3) & 1 \\ \vdots & \vdots & & \vdots & \vdots \\ x_{2\mathrm{M}}^{(1)}(n) & x_{3\mathrm{M}}^{(1)}(n) & \cdots & x_{n\mathrm{M}}^{(1)}(n) & 1 \end{bmatrix}, \quad Y = \begin{bmatrix} x_{1\mathrm{M}}^{(1)}(2) \\ x_{1\mathrm{M}}^{(1)}(3) \\ \vdots \\ x_{1\mathrm{M}}^{(1)}(n) \end{bmatrix}.
$$

但是此时所得到的并不是模型最终所需要的补偿系数, 后面还要根据整体驱动系数进行修正. 三元区间数的整体驱动系数取为

$$
\begin{bmatrix} b_2 \\ b_3 \\ \vdots \\ b_n \end{bmatrix} = \alpha \begin{bmatrix} b_{2\mathrm{L}} \\ b_{3\mathrm{L}} \\ \vdots \\ b_{n\mathrm{L}} \end{bmatrix} + \beta \begin{bmatrix} b_{2\mathrm{M}} \\ b_{3\mathrm{M}} \\ \vdots \\ b_{n\mathrm{M}} \end{bmatrix} + \gamma \begin{bmatrix} b_{2\mathrm{U}} \\ b_{3\mathrm{U}} \\ \vdots \\ b_{n\mathrm{U}} \end{bmatrix},
$$

其中, $\alpha + \beta + \gamma = 1$.

下面根据整体驱动系数修正补偿系数. 将上式所得的整体驱动系数代入式 (9-7) 得

$$
a_{\mathrm{M}} = x_{1\mathrm{M}}^{(1)}(k) - b_2 x_{2\mathrm{M}}^{(1)}(k) - b_3 x_{3\mathrm{M}}^{(1)}(k) - \cdots - b_n x_{n\mathrm{M}}^{(1)}(k).
$$

则由最小二乘法求出中界点序列对应的补偿系数 a_{M} 为

$$
a_{\mathrm{M}} = (B_{\mathrm{M}}^{\mathrm{T}} B_{\mathrm{M}})^{-1} B_{\mathrm{M}}^{\mathrm{T}} Y_{\mathrm{M}},
$$

其中,

$$
B_{\mathrm{M}} = \begin{bmatrix} 1 \\ 1 \\ \vdots \\ 1 \end{bmatrix}, \quad Y_{\mathrm{M}} = \begin{bmatrix} x_{1\mathrm{M}}^{(1)}(2) - b_2 x_{2\mathrm{M}}^{(1)}(2) - b_3 x_{3\mathrm{M}}^{(1)}(2) - \cdots - b_n x_{n\mathrm{M}}^{(1)}(2) \\ x_{1\mathrm{M}}^{(1)}(3) - b_2 x_{2\mathrm{M}}^{(1)}(3) - b_3 x_{3\mathrm{M}}^{(1)}(3) - \cdots - b_n x_{n\mathrm{M}}^{(1)}(3) \\ \vdots \\ x_{1\mathrm{M}}^{(1)}(n) - b_2 x_{2\mathrm{M}}^{(1)}(n) - b_3 x_{3\mathrm{M}}^{(1)}(n) - \cdots - b_n x_{n\mathrm{M}}^{(1)}(n) \end{bmatrix}.
$$

同理可得下、上界点序列的补偿系数为

$$
a_{\mathrm{L}} = (B_{\mathrm{L}}^{\mathrm{T}} B_{\mathrm{L}})^{-1} B_{\mathrm{L}}^{\mathrm{T}} Y_{\mathrm{L}}, \quad a_{\mathrm{U}} = (B_{\mathrm{U}}^{\mathrm{T}} B_{\mathrm{U}})^{-1} B_{\mathrm{U}}^{\mathrm{T}} Y_{\mathrm{U}}.
$$

9.8   马尔可夫修正过程

TIGM$(0, N)$ 是线性模型, 当序列有较大的振荡时, TIGM$(0, N)$ 的预测精度可能不令人满意. 这里继续采用马尔可夫预测方法来修正 TIGM$(0, N)$ 的预测结果.

步骤一 (序列转换): 马尔可夫修正不能将三元区间数的下、中、上界点分开单独修正, 否则可能出现界点相对位置的错乱, 所以先对三元区间数进行转换. 对系统特征的原始三元区间数 $\tilde{x}_1^{(0)}(k) = [x_{1L}^{(0)}(k), x_{1M}^{(0)}(k), x_{1U}^{(0)}(k)]$ 与 TIGM$(0, N)$ 的预测值 $\hat{x}_1^{(0)}(k) = [\hat{x}_{1L}^{(0)}(k), \hat{x}_{1M}^{(0)}(k), \hat{x}_{1U}^{(0)}(k)]$, 令

$$c(k) = \frac{1}{3}[x_{1L}^{(0)}(k) + x_{1M}^{(0)}(k) + x_{1U}^{(0)}(k)],$$

$$r_L(k) = x_{1M}^{(0)}(k) - x_{1L}^{(0)}(k),$$

$$r_U(k) = x_{1U}^{(0)}(k) - x_{1M}^{(0)}(k),$$

分别称为原始三元区间数的重心和左、右半径. 类似地, TIGM$(0, N)$ 的预测值的重心和左、右半径分别记为 $\hat{c}(k), \hat{r}_L(k), \hat{r}_U(k)$. 分别对 $\hat{c}(k), \hat{r}_L(k), \hat{r}_U(k)$ 进行马尔可夫修正. 下面只给出重心 $\hat{c}(k)$ 的马尔可夫修正过程, $\hat{r}_L(k)$ 与 $\hat{r}_U(k)$ 的修正与此类似.

步骤二 (状态划分): 计算比值 $c(k)/\hat{c}(k)$, $k = 1, 2, \cdots, n$, 将比值范围划分成 s 个状态, 表示为 $E_i \in [A_i, B_i]$, $i = 1, 2, \cdots, s$.

步骤三 (计算状态转移概率矩阵): 设 $N_{ij}(1)$ 为由状态 E_i 经过一步转移到状态 E_j 的样本数, N_i 为状态 E_i 出现的总次数, 则由状态 E_i 经过一步转移到状态 E_j 的状态转移概率为 $P_{ij}(1) = N_{ij}(1)/N_i$, $i, j = 1, 2, \cdots, s$. 则一步状态转移概率矩阵为 $\boldsymbol{P}(1) = (P_{ij}(1))_{s \times s}$, 而 k 步状态转移概率矩阵取为 $\boldsymbol{P}^k(1)$.

步骤四 (k 步修正值): 设第 n 时刻, $c(n)/\hat{c}(n)$ 处于 E_i 状态, 则如果 $\boldsymbol{P}^k(1)$ 第 i 行的最大值为第 j 列的元素, 即 $P_{ij}^k(1)$, 则 $c(n)/\hat{c}(n)$ 状态 E_i 经过 k 步转移到状态 E_j 的概率最大, 所以在第 $n + k$ 时刻, $\hat{c}(n + k)$的修正值取为 $c'(n + k) = \hat{c}(n + k) \times (A_j + B_j)/2$. 若 $\boldsymbol{P}^k(1)$ 的第 i 行没有最大元素, 则 $\hat{c}(n + k)$ 的修正值取

为所有状态的数学期望:

$$c'(n+k) = \hat{c}(n+k) \times \frac{1}{2} \sum_{j=1}^{s} P_{ij}^{k}(1) \times (A_j + B_j).$$

步骤五 (还原): 最后将重心和左、右半径的修正值 $(c'(k), r'_{\mathrm{L}}(k), r'_{\mathrm{U}}(k))$ 还原为三元区间数, 还原公式为

$$[x'_{1\mathrm{L}}(k),\, x'_{1\mathrm{M}}(k),\, x'_{1\mathrm{U}}(k)] = [c'(k) - \frac{2r'_{\mathrm{L}}(k)}{3} - \frac{r'_{\mathrm{U}}(k)}{3}, c'(k) + \frac{r'_{\mathrm{L}}(k)}{3} - \frac{r'_{\mathrm{U}}(k)}{3},$$
$$c'(k) + \frac{r'_{\mathrm{L}}(k)}{3} + \frac{2r'_{\mathrm{U}}(k)}{3}].$$

显然 $x'_{1\mathrm{L}}(k) \leqslant x'_{1\mathrm{M}}(k) \leqslant x'_{1\mathrm{U}}(k)$, 此转换方法保证了各界点的修正值的大小关系.

平均绝对百分比误差 (MAPE) 常用来评价时间序列的预测精度. 这里, 三元区间数序列的原始值与预测值的平均绝对百分比误差由下式给出:

$$\mathrm{MAPE} = \frac{1}{3n} \sum_{k=1}^{n} \left(\frac{\left| x_{1\mathrm{L}}^{(0)}(k) - \hat{x}_{1\mathrm{L}}^{(0)}(k) \right|}{x_{1\mathrm{L}}^{(0)}(k)} + \frac{\left| x_{1\mathrm{M}}^{(0)}(k) - \hat{x}_{1\mathrm{M}}^{(0)}(k) \right|}{x_{1\mathrm{M}}^{(0)}(k)} + \frac{\left| x_{1\mathrm{U}}^{(0)}(k) - \hat{x}_{1\mathrm{U}}^{(0)}(k) \right|}{x_{1\mathrm{U}}^{(0)}(k)} \right).$$

9.9　社会消费品零售总额预测

中国统计年鉴给出了中国社会消费品零售总额、货币供应量的月度数据. 以每年 12 个月的最小值、平均值、最大值分别作为三元区间数的下、中、上界点. 国内生产总值 (GDP) 只取年度值, 建模时, 令三个界点相等. 观察数据见表 9-5. 以社会消费品零售总额作为系统特征序列, 以GDP 和货币供应量作为系统特征的相关因素.

下面基于 2003−2014 年的数据建立 TIGM(0, 3), 预测社会消费品零售总额在 2015−2017 年的三元区间数. TIGM(0, 3) 的预测值的平均绝对百分比误差是 10.37%, 这个精度并不高.

下面进行马尔可夫修正. 计算 2004−2014 年原始三元区间数和 TIGM(0, 3) 拟合值的各自的重心序列和左、右半径序列, 变化范围分别为:

$$[0.8810,\ 1.0789],\ [4.2033,\ 17.2977],\ [6.0319,\ 17.2739].$$

由此范围进行状态均分, 见表 9-6.

表 9-5 观察数据

年	零售总额/亿元	GDP/亿元	货币供应量/亿元
2003	[3406.90,3822.82,4735.70]	137421.90	[71321.54,76901.43,84118.81]
2004	[4001.80,4516.93,5562.50]	161840.10	[85603.64,89231.14,95970.82]
2005	[4663.30,5337.40,6850.40]	187318.90	[94593.72,99491.23,107278.57]
2006	[5774.60,6376.65,7499.20]	219438.50	[106389.11,114503.35,126028.05]
2007	[6672.50,7470.80,9015.30]	270232.30	[127678.33,138668.34,152519.17]
2008	[8123.20,9105.57,10728.50]	319515.50	[150867.47,155959.67,166217.13]
2009	[9317.60,10526.23,12610.00]	349081.40	[176541.13,196939.34,221445.81]
2010	[11321.70,12950.14,15329.50]	413030.30	[229397.93,244856.72,266621.54]
2011	[13588.00,15189.20,17739.70]	489300.60	[266255.48,273592.39,289847.70]
2012	[15603.10,17349.81,20334.20]	540367.40	[274983.82,287364.83,308672.99]
2013	[17600.30,19657.01,23059.70]	595244.40	[307648.42,316088.61,337291.05]
2014	[19701.20,22011.33,25801.30]	643974.00	[324482.52,332487.23,348056.41]

表 9-6 状态划分表

$c(k)/\hat{c}(k)$		$r_{\mathrm{L}}(k)/\hat{r}_{\mathrm{L}}(k)$		$r_{\mathrm{U}}(k)/\hat{r}_{\mathrm{U}}(k)$	
状态	范围	状态	范围	状态	范围
E1	0.88~0.94	E1	4~11	E1	6~12
E2	0.94~1.01	E2	11~18	E2	12~18
E3	1.01~1.08				

由表 9-6 得到重心和左、右半径的比值的一步转移概率矩阵分别为:

$$\boldsymbol{P}_c(1) = \begin{bmatrix} 5/6 & 1/6 & 0 \\ 0 & 2/3 & 1/3 \\ 0 & 0 & 1 \end{bmatrix}, \ \boldsymbol{P}_{r_{\mathrm{L}}}(1) = \begin{bmatrix} 4/7 & 3/7 \\ 1 & 0 \end{bmatrix}, \ \boldsymbol{P}_{r_{\mathrm{U}}}(1) = \begin{bmatrix} 7/8 & 1/8 \\ 1 & 0 \end{bmatrix}.$$

对 TIGM(0, 3) 的预测结果修正后的值见表 9-7. 可以看出经过修正后, 2015－2017

的预测结果的平均绝对百分比误差比 TIGM(0, 3) 明显降低.

表 9-7　社会消费品零售总额的预测结果

单位: 亿元

年	界点	原始值	修正TIGM(0, 3)	TIGM(0, 3)
2015	下	22386.70	19995.00	22007.89
	中	25293.82	22675.38	22365.28
	上	28634.60	27648.77	22917.88
2016	下	24645.80	21902.07	24434.29
	中	27940.61	25668.39	24936.46
	上	31757.00	30660.18	25491.11
2017	下	27278.50	26220.95	27615.65
	中	30830.20	28860.44	27967.58
	上	34734.10	32671.74	28391.06
MAPE			7.04%	10.37%

区间数比精确数包含了更多信息, 所以区间预测更有利于管理决策. GM(0, N) 是考虑了系统特征的影响因素的多变量线性灰色模型, 应用广泛, 将其拓广到区间预测有较高的实际应用价值. 本章对 GM(0, N) 的参数设置的改进方法能直接使模型方程适用于三元区间数. 马尔可夫修正方法进一步提高了预测的精度.

第 10 章　矩阵型 GM(1, 1)

本章将 GM(1, 1) 的定义型方程中的发展系数设为二阶方阵, 灰作用量设为二维列向量, 提出了矩阵形式的定义型方程, 使其能够直接对二元区间数序列建模. 同时进一步提出了矩阵形式的二元区间数序列的背景值的改造, 以及两种拓展模型: 原始差分 GM(1, 1) 和离散 GM(1, 1) 的矩阵形式, 使它们能够直接对二元区间数序列建模. 由克拉默法则推出 GM(1, 1)、改进了背景值的 GM(1, 1) 以及两种拓展模型的矩阵形式都属于同一个统一形式. 本章采用此统一形式对区间数序列进行预测. 预测中, 区间数的每个界点的预测值都同时受到前面所有观察值的上、下界点的影响. 最后, 本书建立矩阵形式的 GM(1, 1), 用来预测三元区间数序列.

10.1　面向二元区间数的矩阵型 GM(1, 1)

设二元区间数序列为 $\tilde{X}^{(0)} = \{\tilde{\boldsymbol{x}}^{(0)}(1), \tilde{\boldsymbol{x}}^{(0)}(2), \cdots, \tilde{\boldsymbol{x}}^{(0)}(n)\}$, 其中, 将二元区间数表示成一个二维列向量:

$$\tilde{\boldsymbol{x}}^{(0)}(t) = \begin{bmatrix} x_{\mathrm{L}}^{(0)}(t) \\ x_{\mathrm{U}}^{(0)}(t) \end{bmatrix}, \ t = 1, 2, \cdots, n.$$

其中, $x_{\mathrm{L}}^{(0)}(t)$ 是左界点或下界点, $x_{\mathrm{U}}^{(0)}(t)$ 是右界点或上界点.

对原始区间数序列进行一次累加生成, 得到一次累加生成序列

$$\tilde{X}^{(1)} = \{\tilde{\boldsymbol{x}}^{(1)}(1), \tilde{\boldsymbol{x}}^{(1)}(2), \cdots, \tilde{\boldsymbol{x}}^{(1)}(n)\},$$

其中,

$$\tilde{\boldsymbol{x}}^{(1)}(k) = \begin{bmatrix} x_{\mathrm{L}}^{(1)}(k) \\ x_{\mathrm{U}}^{(1)}(k) \end{bmatrix} = \begin{bmatrix} \sum_{t=1}^{k} x_{\mathrm{L}}^{(0)}(t) \\ \sum_{t=1}^{k} x_{\mathrm{U}}^{(0)}(t) \end{bmatrix}, \ k = 1, 2, \cdots, n.$$

均值生成的背景值序列为:

$$\tilde{z}^{(1)}(k) = \begin{bmatrix} z_L^{(1)}(k) \\ z_U^{(1)}(k) \end{bmatrix} = 0.5[\tilde{x}^{(1)}(k) + \tilde{x}^{(1)}(k-1)] = \begin{bmatrix} 0.5(x_L^{(1)}(k) + x_L^{(1)}(k-1)) \\ 0.5(x_U^{(1)}(k) + x_U^{(1)}(k-1)) \end{bmatrix},$$

$$k = 2, 3, \cdots, n.$$

定义 10.1 面向二元区间数的矩阵型 GM(1, 1) (MBIGM(1, 1)) 是

$$\tilde{x}^{(0)}(k) + A\tilde{z}^{(1)}(k) = B, \tag{10-1}$$

其中, $A = \begin{bmatrix} a_{11} & a_{12} \\ a_{21} & a_{22} \end{bmatrix}$, 称为发展系数矩阵, $B = \begin{bmatrix} b_1 \\ b_2 \end{bmatrix}$, 称为灰作用量矩阵.

定理 10.1 MBIGM(1, 1) 的预测公式是

$$\begin{bmatrix} x_L^{(0)}(k) \\ x_U^{(0)}(k) \end{bmatrix} = \begin{bmatrix} \beta_1 \\ \beta_2 \end{bmatrix} + \begin{bmatrix} \alpha_{11} & \alpha_{12} \\ \alpha_{21} & \alpha_{22} \end{bmatrix} \begin{bmatrix} x_L^{(1)}(k-1) \\ x_U^{(1)}(k-1) \end{bmatrix}, \tag{10-2}$$

其中,

$$D = \begin{vmatrix} 1 + 0.5a_{11} & 0.5a_{12} \\ 0.5a_{21} & 1 + 0.5a_{22} \end{vmatrix} \neq 0, \ \beta_1 = \frac{1}{D} \begin{vmatrix} b_1 & 0.5a_{12} \\ b_2 & 1 + 0.5a_{22} \end{vmatrix},$$

$$\beta_2 = \frac{1}{D} \begin{vmatrix} 1 + 0.5a_{11} & b_1 \\ 0.5a_{21} & b_2 \end{vmatrix}, \ \alpha_{11} = \frac{1}{D} \begin{vmatrix} -a_{11} & 0.5a_{12} \\ -a_{21} & 1 + 0.5a_{22} \end{vmatrix},$$

$$\alpha_{12} = \frac{1}{D} \begin{vmatrix} -a_{12} & 0.5a_{12} \\ -a_{22} & 1 + 0.5a_{22} \end{vmatrix}, \ \alpha_{21} = \frac{1}{D} \begin{vmatrix} 1 + 0.5a_{11} & -a_{11} \\ 0.5a_{21} & -a_{21} \end{vmatrix},$$

$$\alpha_{22} = \frac{1}{D} \begin{vmatrix} 1 + 0.5a_{11} & -a_{12} \\ 0.5a_{21} & -a_{22} \end{vmatrix}.$$

证明 展开式 (10-1) 得

$$\begin{bmatrix} x_L^{(0)}(k) \\ x_U^{(0)}(k) \end{bmatrix} + \begin{bmatrix} a_{11} & a_{12} \\ a_{21} & a_{22} \end{bmatrix} \begin{bmatrix} z_L^{(1)}(k) \\ z_U^{(1)}(k) \end{bmatrix} = \begin{bmatrix} b_1 \\ b_2 \end{bmatrix} \tag{10-3}$$

由于一次累加生成序列满足

$$
\begin{bmatrix} x_{\mathrm{L}}^{(1)}(k) \\ x_{\mathrm{U}}^{(1)}(k) \end{bmatrix} = \begin{bmatrix} x_{\mathrm{L}}^{(0)}(k) + \sum_{t=1}^{k-1} x_{\mathrm{L}}^{(0)}(t) \\ x_{\mathrm{U}}^{(0)}(k) + \sum_{t=1}^{k-1} x_{\mathrm{U}}^{(0)}(t) \end{bmatrix} = \begin{bmatrix} x_{\mathrm{L}}^{(0)}(k) + x_{\mathrm{L}}^{(1)}(k-1) \\ x_{\mathrm{U}}^{(0)}(k) + x_{\mathrm{L}}^{(1)}(k-1) \end{bmatrix}
$$

所以背景值满足

$$
\begin{bmatrix} z_{\mathrm{L}}^{(1)}(k) \\ z_{\mathrm{U}}^{(1)}(k) \end{bmatrix} = \begin{bmatrix} 0.5(x_{\mathrm{L}}^{(0)}(k) + 2x_{\mathrm{L}}^{(1)}(k-1)) \\ 0.5(x_{\mathrm{U}}^{(0)}(k) + 2x_{\mathrm{U}}^{(1)}(k-1)) \end{bmatrix} = 0.5 \begin{bmatrix} x_{\mathrm{L}}^{(0)}(k) \\ x_{\mathrm{U}}^{(0)}(k) \end{bmatrix} + \begin{bmatrix} x_{\mathrm{L}}^{(1)}(k-1) \\ x_{\mathrm{U}}^{(1)}(k-1) \end{bmatrix}
$$

将上式代入式 (10-3) 得

$$
\begin{bmatrix} 1 + 0.5a_{11} & 0.5a_{12} \\ 0.5a_{21} & 1 + 0.5a_{22} \end{bmatrix} \begin{bmatrix} x_{\mathrm{L}}^{(0)}(k) \\ x_{\mathrm{U}}^{(0)}(k) \end{bmatrix} = \begin{bmatrix} b_1 - a_{11}x_{\mathrm{L}}^{(1)}(k-1) - a_{12}x_{\mathrm{U}}^{(1)}(k-1) \\ b_2 - a_{21}x_{\mathrm{L}}^{(1)}(k-1) - a_{22}x_{\mathrm{U}}^{(1)}(k-1) \end{bmatrix}
$$

由克拉默法则, 当 $D = \begin{vmatrix} 1 + 0.5a_{11} & 0.5a_{12} \\ 0.5a_{21} & 1 + 0.5a_{22} \end{vmatrix} \neq 0$时,

$$
\begin{bmatrix} x_{\mathrm{L}}^{(0)}(k) \\ x_{\mathrm{U}}^{(0)}(k) \end{bmatrix} = \begin{bmatrix} D_1/D \\ D_2/D \end{bmatrix},
$$

其中,

$$
D_1 = \begin{vmatrix} b_1 - a_{11}x_{\mathrm{L}}^{(1)}(k-1) - a_{12}x_{\mathrm{U}}^{(1)}(k-1) & 0.5a_{12} \\ b_2 - a_{21}x_{\mathrm{L}}^{(1)}(k-1) - a_{22}x_{\mathrm{U}}^{(1)}(k-1) & 1 + 0.5a_{22} \end{vmatrix},
$$

$$
D_2 = \begin{vmatrix} 1 + 0.5a_{11} & b_1 - a_{11}x_{\mathrm{L}}^{(1)}(k-1) - a_{12}x_{\mathrm{U}}^{(1)}(k-1) \\ 0.5a_{21} & b_2 - a_{21}x_{\mathrm{L}}^{(1)}(k-1) - a_{22}x_{\mathrm{U}}^{(1)}(k-1) \end{vmatrix}.
$$

整理后可得式 (10-2).

10.2　背景值改造

经典 GM(1, 1) 的背景值构造采用平均值生成: $z^{(1)}(k) = 0.5[x^{(1)}(k) + x^{(1)}(k-1)]$, 以后的研究中给出了一个大家普遍接受的改进, 即令 $z^{(1)}(k) = \beta x^{(1)}(k) + (1-\beta)x^{(1)}(k-1)$, $0 < \beta < 1$. 下面给出 MBIGM(1, 1) 的背景值改造.

定义 10.2 二元区间数序列的背景值改造为

$$\tilde{z}^{(1)}(k) = \begin{bmatrix} z_{\mathrm{L}}^{(1)}(k) \\ z_{\mathrm{U}}^{(1)}(k) \end{bmatrix} = \boldsymbol{Q} \begin{bmatrix} x_{\mathrm{L}}^{(1)}(k) \\ x_{\mathrm{U}}^{(1)}(k) \end{bmatrix} + (\boldsymbol{I} - \boldsymbol{Q}) \begin{bmatrix} x_{\mathrm{L}}^{(1)}(k-1) \\ x_{\mathrm{U}}^{(1)}(k-1) \end{bmatrix}, \tag{10-4}$$

$$k = 2,\ 3,\ \cdots,\ n$$

其中,

$$\boldsymbol{Q} = \begin{bmatrix} q_{11} & q_{12} \\ q_{21} & q_{22} \end{bmatrix},\ \boldsymbol{I} = \begin{bmatrix} 1 & 0 \\ 0 & 1 \end{bmatrix}.$$

当 $\boldsymbol{Q} = \begin{bmatrix} 0.5 & 0 \\ 0 & 0.5 \end{bmatrix}$, 即为平均值生成, 即

$$\tilde{z}^{(1)}(k) = \begin{bmatrix} 0.5 & 0 \\ 0 & 0.5 \end{bmatrix} \begin{bmatrix} x_{\mathrm{L}}^{(1)}(k) \\ x_{\mathrm{U}}^{(1)}(k) \end{bmatrix} + \left(\begin{bmatrix} 1 & 0 \\ 0 & 1 \end{bmatrix} - \begin{bmatrix} 0.5 & 0 \\ 0 & 0.5 \end{bmatrix} \right) \begin{bmatrix} x_{\mathrm{L}}^{(1)}(k-1) \\ x_{\mathrm{U}}^{(1)}(k-1) \end{bmatrix}$$

$$= \begin{bmatrix} 0.5(x_{\mathrm{L}}^{(1)}(k) + x_{\mathrm{L}}^{(1)}(k-1)) \\ 0.5(x_{\mathrm{U}}^{(1)}(k) + x_{\mathrm{U}}^{(1)}(k-1)) \end{bmatrix}$$

定理 10.2 背景值改造后 MBIGM(1, 1) 的预测公式是

$$\begin{bmatrix} x_{\mathrm{L}}^{(0)}(k) \\ x_{\mathrm{U}}^{(0)}(k) \end{bmatrix} = \begin{bmatrix} \beta_1 \\ \beta_2 \end{bmatrix} + \begin{bmatrix} \alpha_{11} & \alpha_{12} \\ \alpha_{21} & \alpha_{22} \end{bmatrix} \begin{bmatrix} x_{\mathrm{L}}^{(1)}(k-1) \\ x_{\mathrm{U}}^{(1)}(k-1) \end{bmatrix}, \tag{10-5}$$

其中,

$$D = \begin{vmatrix} 1 + a_{11}q_{11} + a_{12}q_{21} & a_{11}q_{12} + a_{12}q_{22} \\ a_{21}q_{11} + a_{22}q_{21} & 1 + a_{21}q_{12} + a_{22}q_{22} \end{vmatrix} \neq 0,$$

$$\beta_1 = \frac{1}{D} \begin{vmatrix} b_1 & a_{11}q_{12} + a_{12}q_{22} \\ b_2 & 1 + a_{21}q_{12} + a_{22}q_{22} \end{vmatrix},\ \beta_2 = \frac{1}{D} \begin{vmatrix} 1 + a_{11}q_{11} + a_{12}q_{21} & b_1 \\ a_{21}q_{11} + a_{22}q_{21} & b_2 \end{vmatrix},$$

$$\alpha_{11} = \frac{1}{D} \begin{vmatrix} -a_{11} & a_{11}q_{12} + a_{12}q_{22} \\ -a_{21} & 1 + a_{21}q_{12} + a_{22}q_{22} \end{vmatrix},\ \alpha_{12} = \frac{1}{D} \begin{vmatrix} -a_{12} & a_{11}q_{12} + a_{12}q_{22} \\ -a_{22} & 1 + a_{21}q_{12} + a_{22}q_{22} \end{vmatrix},$$

$$\alpha_{21} = \frac{1}{D} \begin{vmatrix} 1 + a_{11}q_{11} + a_{12}q_{21} & -a_{11} \\ a_{21}q_{11} + a_{22}q_{21} & -a_{21} \end{vmatrix},\ \alpha_{22} = \frac{1}{D} \begin{vmatrix} 1 + a_{11}q_{11} + a_{12}q_{21} & -a_{12} \\ a_{21}q_{11} + a_{22}q_{21} & -a_{22} \end{vmatrix}.$$

证明 展开式 (10-4)得改造后的背景值为

$$
\tilde{z}^{(1)}(k) = \begin{bmatrix} z_{\mathrm{L}}^{(1)}(k) \\ z_{\mathrm{U}}^{(1)}(k) \end{bmatrix}
$$

$$
= \begin{bmatrix} q_{11} & q_{12} \\ q_{21} & q_{22} \end{bmatrix} \begin{bmatrix} x_{\mathrm{L}}^{(1)}(k) \\ x_{\mathrm{U}}^{(1)}(k) \end{bmatrix} + \left(\begin{bmatrix} 1 & 0 \\ 0 & 1 \end{bmatrix} - \begin{bmatrix} q_{11} & q_{12} \\ q_{21} & q_{22} \end{bmatrix} \right) \begin{bmatrix} x_{\mathrm{L}}^{(1)}(k-1) \\ x_{\mathrm{U}}^{(1)}(k-1) \end{bmatrix}
$$

$$
= \begin{bmatrix} q_{11}x_{\mathrm{L}}^{(0)}(k) + q_{12}x_{\mathrm{U}}^{(0)}(k) + x_{\mathrm{L}}^{(1)}(k-1) \\ q_{21}x_{\mathrm{L}}^{(0)}(k) + q_{22}x_{\mathrm{U}}^{(0)}(k) + x_{\mathrm{U}}^{(1)}(k-1) \end{bmatrix}
$$

将上式代入 MBIGM(1, 1) 得

$$
\begin{bmatrix} x_{\mathrm{L}}^{(0)}(k) \\ x_{\mathrm{U}}^{(0)}(k) \end{bmatrix} + \begin{bmatrix} a_{11} & a_{12} \\ a_{21} & a_{22} \end{bmatrix} \begin{bmatrix} q_{11}x_{\mathrm{L}}^{(0)}(k) + q_{12}x_{\mathrm{U}}^{(0)}(k) + x_{\mathrm{L}}^{(1)}(k-1) \\ q_{21}x_{\mathrm{L}}^{(0)}(k) + q_{22}x_{\mathrm{U}}^{(0)}(k) + x_{\mathrm{U}}^{(1)}(k-1) \end{bmatrix} = \begin{bmatrix} b_1 \\ b_2 \end{bmatrix}
$$

进一步计算得

$$
\begin{bmatrix} 1 + a_{11}q_{11} + a_{12}q_{21} & a_{11}q_{12} + a_{12}q_{22} \\ a_{21}q_{11} + a_{22}q_{21} & 1 + a_{21}q_{12} + a_{22}q_{22} \end{bmatrix} \begin{bmatrix} x_{\mathrm{L}}^{(0)}(k) \\ x_{\mathrm{U}}^{(0)}(k) \end{bmatrix}
$$

$$
= \begin{bmatrix} b_1 - a_{11}x_{\mathrm{L}}^{(1)}(k-1) - a_{12}x_{\mathrm{U}}^{(1)}(k-1) \\ b_2 - a_{21}x_{\mathrm{L}}^{(1)}(k-1) - a_{22}x_{\mathrm{U}}^{(1)}(k-1) \end{bmatrix}
$$

由克拉默法则得, 此二元线性方程组的解即为定理结论.

由定理 10.1 与定理 10.2 可以看出, MBIGM(1, 1) 和背景值改造后的模型的预测公式在矩阵形式上是一致的.

10.3　矩阵型原始差分 GM(1, 1) 和离散 GM(1, 1)

刘思峰给出了 GM(1, 1) 的另外两种形式:

原始差分 GM(1, 1):

$$
x^{(0)}(k) + ax^{(1)}(k) = b.
$$

离散 GM(1, 1):

$$
x^{(1)}(k) = \beta_1 x^{(1)}(k-1) + \beta_2.
$$

刘思峰分析了经典 GM(1, 1) 和其他形式的适用范围, 结论得出每种形式适用的情况不同, 要根据观察序列的增长和振荡特征选择最合适的模型. 这里给出二元区间数原始差分 GM(1, 1) 和离散 GM(1, 1) 的矩阵形式.

定义 10.3 面向二元区间数的矩阵型原始差分 GM(1, 1) (MIODGM(1, 1)) 为:

$$\tilde{\boldsymbol{x}}^{(0)}(k) + \boldsymbol{A}\tilde{\boldsymbol{x}}^{(1)}(k) = \boldsymbol{B}, \tag{10-6}$$

其中,

$$\boldsymbol{A} = \begin{bmatrix} a_{11} & a_{12} \\ a_{21} & a_{22} \end{bmatrix}, \ \boldsymbol{B} = \begin{bmatrix} b_1 \\ b_2 \end{bmatrix}.$$

定理 10.3 MIODGM(1, 1) 的预测公式是

$$\begin{bmatrix} x_{\mathrm{L}}^{(0)}(k) \\ x_{\mathrm{U}}^{(0)}(k) \end{bmatrix} = \begin{bmatrix} \beta_1 \\ \beta_2 \end{bmatrix} + \begin{bmatrix} \alpha_{11} & \alpha_{12} \\ \alpha_{21} & \alpha_{22} \end{bmatrix} \begin{bmatrix} x_{\mathrm{L}}^{(1)}(k-1) \\ x_{\mathrm{U}}^{(1)}(k-1) \end{bmatrix}, \tag{10-7}$$

其中,

$$D = \begin{vmatrix} 1+a_{11} & a_{12} \\ a_{21} & 1+a_{22} \end{vmatrix} \neq 0, \ \beta_1 = \frac{1}{D} \begin{vmatrix} b_1 & a_{12} \\ b_2 & 1+a_{22} \end{vmatrix},$$

$$\beta_2 = \frac{1}{D} \begin{vmatrix} 1+a_{11} & b_1 \\ a_{21} & b_2 \end{vmatrix}, \ \alpha_{11} = \frac{1}{D} \begin{vmatrix} -a_{11} & a_{12} \\ -a_{21} & 1+a_{22} \end{vmatrix},$$

$$\alpha_{12} = \frac{1}{D} \begin{vmatrix} -a_{12} & a_{12} \\ -a_{22} & 1+a_{22} \end{vmatrix}, \ \alpha_{21} = \frac{1}{D} \begin{vmatrix} 1+a_{11} & -a_{11} \\ a_{21} & -a_{21} \end{vmatrix},$$

$$\alpha_{22} = \frac{1}{D} \begin{vmatrix} 1+a_{11} & -a_{12} \\ a_{21} & -a_{22} \end{vmatrix}.$$

证明与定理 10.1 相似.

定义 10.4 面向二元区间数的矩阵型离散 GM(1, 1) (MIDGM(1, 1)) 为:

$$\tilde{\boldsymbol{x}}^{(1)}(k) = \boldsymbol{B}_1\tilde{\boldsymbol{x}}^{(1)}(k-1) + \boldsymbol{B}_2, \tag{10-8}$$

其中,

$$
\boldsymbol{B}_1 = \left[\begin{array}{cc} b_{11} & b_{12} \\ b_{21} & b_{22} \end{array}\right], \ \boldsymbol{B}_2 = \left[\begin{array}{c} b_1 \\ b_2 \end{array}\right].
$$

定理 10.4 MIDGM(1, 1) 的预测公式是

$$
\left[\begin{array}{c} x_{\mathrm{L}}^{(0)}(k) \\ x_{\mathrm{U}}^{(0)}(k) \end{array}\right] = \left[\begin{array}{c} b_1 \\ b_2 \end{array}\right] + \left[\begin{array}{cc} b_{11} - 1 & b_{12} \\ b_{21} & b_{22} - 1 \end{array}\right] \left[\begin{array}{c} x_{\mathrm{L}}^{(1)}(k-1) \\ x_{\mathrm{U}}^{(1)}(k-1) \end{array}\right]. \tag{10-9}
$$

证明　展开式 (10-8) 得

$$
\left[\begin{array}{c} x_{\mathrm{L}}^{(1)}(k) \\ x_{\mathrm{U}}^{(1)}(k) \end{array}\right] = \left[\begin{array}{cc} b_{11} & b_{12} \\ b_{21} & b_{22} \end{array}\right] \left[\begin{array}{c} x_{\mathrm{L}}^{(1)}(k-1) \\ x_{\mathrm{U}}^{(1)}(k-1) \end{array}\right] + \left[\begin{array}{c} b_1 \\ b_2 \end{array}\right]
$$

其中

$$
\left[\begin{array}{c} x_{\mathrm{L}}^{(1)}(k) \\ x_{\mathrm{U}}^{(1)}(k) \end{array}\right] = \left[\begin{array}{c} x_{\mathrm{L}}^{(0)}(k) + \sum\limits_{t=1}^{k-1} x_{\mathrm{L}}^{(0)}(t) \\ x_{\mathrm{U}}^{(0)}(k) + \sum\limits_{t=1}^{k-1} x_{\mathrm{U}}^{(0)}(t) \end{array}\right] = \left[\begin{array}{c} x_{\mathrm{L}}^{(0)}(k) + x_{\mathrm{L}}^{(1)}(k-1) \\ x_{\mathrm{U}}^{(0)}(k) + x_{\mathrm{L}}^{(1)}(k-1) \end{array}\right]
$$

进一步整理得式 (10-9).

10.4　四模型的统一预测公式

由定理 10.1～定理 10.4 可以看出, 面向二元区间数的 MBIGM(1, 1)、背景值改造后的 MBIGM(1, 1)、原始差分 GM(1, 1) 及离散 GM(1, 1) 的预测公式都是统一的矩阵形式:

$$
\left[\begin{array}{c} x_{\mathrm{L}}^{(0)}(k) \\ x_{\mathrm{U}}^{(0)}(k) \end{array}\right] = \left[\begin{array}{c} \beta_1 \\ \beta_2 \end{array}\right] + \left[\begin{array}{cc} \alpha_{11} & \alpha_{12} \\ \alpha_{21} & \alpha_{22} \end{array}\right] \left[\begin{array}{c} x_{\mathrm{L}}^{(1)}(k-1) \\ x_{\mathrm{U}}^{(1)}(k-1) \end{array}\right]. \tag{10-10}
$$

因为

$$
\left[\begin{array}{c} x_{\mathrm{L}}^{(1)}(k-1) \\ x_{\mathrm{U}}^{(1)}(k-1) \end{array}\right] = \left[\begin{array}{c} \sum\limits_{t=1}^{k-1} x_{\mathrm{L}}^{(0)}(t) \\ \sum\limits_{t=1}^{k-1} x_{\mathrm{U}}^{(0)}(t) \end{array}\right],
$$

所以式 (10-10) 是一个递推式, 可以作为预测公式. 设预测的初始条件是

$$
\begin{bmatrix} \hat{x}_{\mathrm{L}}^{(1)}(1) \\ \hat{x}_{\mathrm{U}}^{(1)}(1) \end{bmatrix} = \begin{bmatrix} x_{\mathrm{L}}^{(0)}(1) \\ x_{\mathrm{U}}^{(0)}(1) \end{bmatrix}.
$$

则预测值的递推过程如下:

$$
\begin{bmatrix} \hat{x}_{\mathrm{L}}^{(0)}(2) \\ \hat{x}_{\mathrm{U}}^{(0)}(2) \end{bmatrix} = \begin{bmatrix} \beta_1 \\ \beta_2 \end{bmatrix} + \begin{bmatrix} \alpha_{11} & \alpha_{12} \\ \alpha_{21} & \alpha_{22} \end{bmatrix} \begin{bmatrix} \hat{x}_{\mathrm{L}}^{(1)}(1) \\ \hat{x}_{\mathrm{U}}^{(1)}(1) \end{bmatrix}.
$$

因为

$$
\begin{bmatrix} \hat{x}_{\mathrm{L}}^{(1)}(2) \\ \hat{x}_{\mathrm{U}}^{(1)}(2) \end{bmatrix} = \begin{bmatrix} x_{\mathrm{L}}^{(0)}(1) + \hat{x}_{\mathrm{L}}^{(0)}(2) \\ x_{\mathrm{U}}^{(0)}(1) + \hat{x}_{\mathrm{U}}^{(0)}(2) \end{bmatrix},
$$

所以

$$
\begin{bmatrix} \hat{x}_{\mathrm{L}}^{(0)}(3) \\ \hat{x}_{\mathrm{U}}^{(0)}(3) \end{bmatrix} = \begin{bmatrix} \beta_1 \\ \beta_2 \end{bmatrix} + \begin{bmatrix} \alpha_{11} & \alpha_{12} \\ \alpha_{21} & \alpha_{22} \end{bmatrix} \begin{bmatrix} \hat{x}_{\mathrm{L}}^{(1)}(2) \\ \hat{x}_{\mathrm{U}}^{(1)}(2) \end{bmatrix},
$$

以此类推, 可以依次得到序列的预测值. 预测公式 (10-10) 的参数估计可以由累积法或最小二乘法得到. 式 (10-10) 即为下面的方程组:

$$
\begin{cases} x_{\mathrm{L}}^{(0)}(k) = \beta_1 + \alpha_{11} x_{\mathrm{L}}^{(1)}(k-1) + \alpha_{12} x_{\mathrm{U}}^{(1)}(k-1), \\ x_{\mathrm{U}}^{(0)}(k) = \beta_2 + \alpha_{21} x_{\mathrm{L}}^{(1)}(k-1) + \alpha_{22} x_{\mathrm{U}}^{(1)}(k-1). \end{cases} \tag{10-11}
$$

由最小二乘法得预测公式的参数估计是

$$
[\alpha_{11}, \ \alpha_{12}, \ \beta_1]^{\mathrm{T}} = (\boldsymbol{X}^{\mathrm{T}} \boldsymbol{X})^{-1} \boldsymbol{X}^{\mathrm{T}} \boldsymbol{Y}_{\mathrm{L}},
$$

$$
[\alpha_{21}, \ \alpha_{22}, \ \beta_2]^{\mathrm{T}} = (\boldsymbol{X}^{\mathrm{T}} \boldsymbol{X})^{-1} \boldsymbol{X}^{\mathrm{T}} \boldsymbol{Y}_{\mathrm{U}},
$$

其中,

$$
\boldsymbol{X} = \begin{bmatrix} x_{\mathrm{L}}^{(1)}(1) & x_{\mathrm{U}}^{(1)}(1) & 1 \\ x_{\mathrm{L}}^{(1)}(2) & x_{\mathrm{U}}^{(1)}(2) & 1 \\ \vdots & \vdots & \vdots \\ x_{\mathrm{L}}^{(1)}(n-1) & x_{\mathrm{U}}^{(1)}(n-1) & 1 \end{bmatrix}, \ \boldsymbol{Y}_{\mathrm{L}} = \begin{bmatrix} x_{\mathrm{L}}^{(0)}(2) \\ x_{\mathrm{L}}^{(0)}(3) \\ \vdots \\ x_{\mathrm{L}}^{(0)}(n) \end{bmatrix}, \ \boldsymbol{Y}_{\mathrm{U}} = \begin{bmatrix} x_{\mathrm{U}}^{(0)}(2) \\ x_{\mathrm{U}}^{(0)}(3) \\ \vdots \\ x_{\mathrm{U}}^{(0)}(n) \end{bmatrix}.
$$

10.5　面向三元区间数的矩阵型 GM(1, 1)

这一节给出面向三元区间数序列的矩阵型 GM(1, 1). 将三元区间数看作一个三维列向量:

$$\tilde{\boldsymbol{x}}^{(0)}(t) = \begin{bmatrix} x_{\mathrm{L}}^{(0)}(t) \\ x_{\mathrm{M}}^{(0)}(t) \\ x_{\mathrm{U}}^{(0)}(t) \end{bmatrix},$$

其中, $x_{\mathrm{L}}^{(0)}(t)$ 是左界点或下界点, $x_{\mathrm{M}}^{(0)}(t)$ 是中界点, $x_{\mathrm{U}}^{(0)}(t)$ 是右界点或上界点.

三元区间数序列的一次累加生成序列是

$$\tilde{X}^{(1)} = \{\tilde{\boldsymbol{x}}^{(1)}(1), \tilde{\boldsymbol{x}}^{(1)}(2), \cdots, \tilde{\boldsymbol{x}}^{(1)}(n)\},$$

其中,

$$\tilde{\boldsymbol{x}}^{(1)}(k) = \begin{bmatrix} x_{\mathrm{L}}^{(1)}(k) \\ x_{\mathrm{M}}^{(1)}(k) \\ x_{\mathrm{U}}^{(1)}(k) \end{bmatrix} = \begin{bmatrix} \sum\limits_{t=1}^{k} x_{\mathrm{L}}^{(0)}(t) \\ \sum\limits_{t=1}^{k} x_{\mathrm{M}}^{(0)}(t) \\ \sum\limits_{t=1}^{k} x_{\mathrm{U}}^{(0)}(t) \end{bmatrix}, \ k = 1, 2, \cdots, n.$$

均值生成的背景值序列为

$$\tilde{\boldsymbol{z}}^{(1)}(k) = \begin{bmatrix} z_{\mathrm{L}}^{(1)}(k) \\ z_{\mathrm{M}}^{(1)}(k) \\ z_{\mathrm{U}}^{(1)}(k) \end{bmatrix} = \begin{bmatrix} 0.5(x_{\mathrm{L}}^{(1)}(k) + x_{\mathrm{L}}^{(1)}(k-1)) \\ 0.5(x_{\mathrm{M}}^{(1)}(k) + x_{\mathrm{M}}^{(1)}(k-1)) \\ 0.5(x_{\mathrm{U}}^{(1)}(k) + x_{\mathrm{U}}^{(1)}(k-1)) \end{bmatrix},$$
$$k = 2, 3, \cdots, n.$$

定义 10.5 面向三元区间数的矩阵型 GM(1, 1) (MTIGM(1, 1))是

$$\tilde{\boldsymbol{x}}^{(0)}(k) + \boldsymbol{A}\tilde{\boldsymbol{z}}^{(1)}(k) = \boldsymbol{B}, \tag{10-12}$$

其中, $\boldsymbol{A} = \begin{bmatrix} a_{11} & a_{12} & a_{13} \\ a_{21} & a_{22} & a_{23} \\ a_{31} & a_{32} & a_{33} \end{bmatrix}$, 称为发展系数矩阵, $\boldsymbol{B} = \begin{bmatrix} b_1 \\ b_2 \\ b_3 \end{bmatrix}$, 称为灰作用量矩阵.

定理10.5 MTIGM (1, 1) 的预测公式是

$$
\begin{bmatrix} x_{\mathrm{L}}^{(0)}(k) \\ x_{\mathrm{M}}^{(0)}(k) \\ x_{\mathrm{U}}^{(0)}(k) \end{bmatrix} = \begin{bmatrix} \beta_1 \\ \beta_2 \\ \beta_3 \end{bmatrix} + \begin{bmatrix} \alpha_{11} & \alpha_{12} & \alpha_{13} \\ \alpha_{21} & \alpha_{22} & \alpha_{23} \\ \alpha_{31} & \alpha_{32} & \alpha_{33} \end{bmatrix} \begin{bmatrix} x_{\mathrm{L}}^{(1)}(k-1) \\ x_{\mathrm{M}}^{(1)}(k-1) \\ x_{\mathrm{U}}^{(1)}(k-1) \end{bmatrix}, \qquad (10\text{-}13)
$$

其中,

$$
D = \begin{vmatrix} 1+0.5a_{11} & 0.5a_{12} & 0.5a_{13} \\ 0.5a_{21} & 1+0.5a_{22} & 0.5a_{23} \\ 0.5a_{31} & 0.5a_{32} & 1+0.5a_{33} \end{vmatrix} \neq 0,
$$

$$
\beta_1 = \frac{1}{D} \begin{vmatrix} b_1 & 0.5a_{12} & 0.5a_{13} \\ b_2 & 1+0.5a_{22} & 0.5a_{23} \\ b_3 & 0.5a_{32} & 1+0.5a_{33} \end{vmatrix},
$$

$$
\alpha_{11} = \frac{1}{D} \begin{vmatrix} -a_{11} & 0.5a_{12} & 0.5a_{13} \\ -a_{21} & 1+0.5a_{22} & 0.5a_{23} \\ -a_{31} & 0.5a_{32} & 1+0.5a_{33} \end{vmatrix},
$$

$$
\alpha_{12} = \frac{1}{D} \begin{vmatrix} -a_{12} & 0.5a_{12} & 0.5a_{13} \\ -a_{22} & 1+0.5a_{22} & 0.5a_{23} \\ -a_{32} & 0.5a_{32} & 1+0.5a_{33} \end{vmatrix}.
$$

其他矩阵元素略.

证明过程与定理 10.1 类似.

10.6 应 用 实 例

例 10-1 中国电力联合会官网给出了 2010−2017 年全国用电量的月度数据. 我们用 2010−2014 年的数据建模, 对 2015−2017 年的用电量做区间预测. 一些年份缺少 1 月、2 月和 12 月的数据, 所以我们取每年 3 月到 11 月的数据的最小值和最大值作为区间数的下、上界点. 三元区间数的中界点或偏好值采用统计理论中的直方图方法确定 (参看第 1 章), 全国用电量的原始区间数序列见表 10-1 (单位:

TW·h). 因为数据较大, 为了避免最小二乘法做参数估计时出现病态性, 我们对数据进行初值化处理.

表 10-1　全国用电量的区间序列

单位: TW·h

年	观察值	初值化
2010	[3394, 3465.5, 3975]	[1, 1.0211, 1.1712]
2011	[3768, 3893.8, 4349]	[1.1102, 1.1473, 1.2814]
2012	[3899, 4109.4, 4556]	[1.1488, 1.2108, 1.3424]
2013	[4165, 4317.25, 5103]	[1.2272, 1.2720, 1.5035]
2014	[4356, 4528.5, 5097]	[1.2834, 1.3343, 1.5018]
2015	[4415, 4496.8, 5124]	[1.3008, 1.3249, 1.5097]
2016	[4569, 4890.67, 5631]	[1.3462, 1.4410, 1.6591]
2017	[4847, 5171.0, 6072]	[1.4281, 1.5236, 1.7890]

首先, 基于上、下界点建立矩阵系数二元区间数 GM(1, 1). 预测公式为:

$$
\begin{bmatrix} \hat{x}_{\mathrm{L}}^{(0)}(k) \\ \hat{x}_{\mathrm{U}}^{(0)}(k) \end{bmatrix} = \begin{bmatrix} 1.0567 \\ 1.1900 \end{bmatrix} + \begin{bmatrix} -0.1118 & 0.1382 \\ 1.0729 & -0.8475 \end{bmatrix} \begin{bmatrix} \hat{x}_{\mathrm{L}}^{(1)}(k-1) \\ \hat{x}_{\mathrm{U}}^{(1)}(k-1) \end{bmatrix}
$$

相对误差 (RE) 和平均绝对百分误差 (MAPE) 的计算如下:

$$
e_{\mathrm{L}}(k) = (x_{\mathrm{L}}^{(0)}(k) - \hat{x}_{\mathrm{L}}^{(0)}(k))/x_{\mathrm{L}}^{(0)}(k),
$$
$$
e_{\mathrm{U}}(k) = (x_{\mathrm{U}}^{(0)}(k) - \hat{x}_{\mathrm{U}}^{(0)}(k))/x_{\mathrm{U}}^{(0)}(k),
$$
$$
\mathrm{MAPE} = \sum_{k=1}^{n} (|e_{\mathrm{L}}(k)| + |e_{\mathrm{U}}(k)|).
$$

预测结果见表 10-2. 表 10-2 也给出了第 3 章提出的基于序列转换的二元区间数序列预测方法的结果. 文献 [57] 提出了基于整体发展系数的 GM(1,1) (BIGM(1,1)), 通过整体发展系数的设置使灰色模型能直接对区间序列建模. 表 10-2 也给出了 BIGM(1, 1) 的预测结果.

下面基于表 10-1 中的三元区间数原始序列建立矩阵系数三元区间数 GM(1,1) (MTIGM(1, 1)). 文献 [75] 给出了将三元区间数序列转换为精确数序列的预测方法.

文献 [56] 给出了基于整体发展系数的三元区间数 GM(1, 1) (简记为 TIGM(1, 1)). MTIGM(1, 1)、TIGM(1, 1) 和 TICM(文献[75]模型)的预测结果见表 10-3.

表 10-2 全国用电量的区间预测结果

年	MBIGM(1, 1)	BIGM(1, 1)	第 3 章模型
2011	[1.1066, 1.2704]	[1.0969, 1.2954]	[1.1030, 1.2879]
2012	[[1.1584, 1.3810]	[1.1580, 1.3676]	[1.1605, 1.3641]
2013	[1.2196, 1.4534]	[1.2225, 1.4438]	[1.2207, 1.4450]
2014	[1.2840, 1.5302]	[1.2907, 1.5242]	[1.2839, 1.5309]
2015	[1.3518, 1.6110]	[1.3626, 1.6091]	[1.3501, 1.6221]
2016	[1.4232, 1.6961]	[1.4385, 1.6987]	[1.4194, 1.7190]
2017	[1.4984, 1.7857]	[1.5186, 1.7934]	[1.4919, 1.8219]
MAPE	1.35%, 3.95%	1.42%, 4.52%	1.28%, 4.43%

表 10-3 全国用电量的三元区间数预测结果

年	界点	MTIGM(1, 1)	TIGM(1, 1)	文献[75]模型
2015	下	1.3424	1.3560	1.3498
	中	1.4049	1.4114	1.4044
	上	1.5906	1.6014	1.6222
2016	下	1.4204	1.4287	1.4190
	中	1.4759	1.4870	1.4761
	上	1.7087	1.6871	1.7195
2017	下	1.4884	1.5052	1.4914
	中	1.5502	1.5667	1.5512
	上	1.7560	1.7775	1.8232
MAPE	2011−2014	0%	1.01%	0.9%
	2015−2017	3.7%	4.08%	4.1%

对于二元区间数序列, MBIGM(1, 1)、BIGM(1, 1) 和第 3 章模型在 2015−2017 年的预测平均绝对百分比误差分别为 3.95%、4.52% 和4.43% . MBIGM(1, 1) 预测

精度最高, 超过 96%. 三种模型拟合精度相近, 均超过 98%. 对于三元区间数序列,
MTIGM(1, 1) 模型对 2015－2017 年的预测准确率为 96.3%, 高于 TIGM(1, 1) 和文
献[75]模型. MTIGM(1,1) 的平均绝对百分比误差是三个模型中最小的. MTIGM(1,1)
对 2011－2014 年的拟合精度达到 100%, 这是因为它使用 4 个数据来估计 4 个参
数.

例 10-2 社会消费品零售总额是衡量国家经济发展的重要指标. 中国国家统计
年鉴给出了社会消费品零售总额的月度数据, 但有些年份缺少 1 月和 2 月的数据.
我们采用每年 3 月到 12 月的数据的最小值、平均值、最大值分别为三元区间数的
下、中、上界点. 2009－2017 年的原始三元区间数序列和初值化后的序列见表 10-4.

表 10-4 社会消费品零售总额的区间序列

单位: 亿元

年	观察值	初值化
2009	[9317.60, 9634.73, 12610.00]	[1, 1.0340, 1.3534]
2010	[11321.70, 12401.90, 15329.50]	[1.2151, 1.3310, 1.6452]
2011	[13588.00, 14593.73, 17739.70]	[1.4583, 1.5663, 1.9039]
2012	[15603.10, 16568.38, 20334.20]	[1.6746, 1.7782, 2.1823]
2013	[17600.30, 18778.10, 23059.70]	[1.8889, 2.0153, 2.4749]
2014	[19701.20, 21081.48, 25801.30]	[2.1144, 2.2625, 2.7691]
2015	[22386.70, 24595.58, 28634.60]	[2.4026, 2.6397, 3.0732]
2016	[24645.80, 27162.30, 31757.00]	[2.6451, 2.9152, 3.4083]
2017	[27278.50, 30015.32, 34734.10]	[2.9276, 3.2214, 3.7278]

我们只对上、下界点构成的二元区间数序列建立 MBIGM(1, 1). 用 2009－2014
年的数据建立模型, 预测 2015－2017 的二元区间数值. MBIGM(1, 1) 的预测结果见
表 10-5. 作为比较, 基于整体发展系数的二元区间数 GM(1, 1) (BIGM(1, 1)) 和基于
序列转换的第3章模型得到的结果见表10-5. 可以看出, MBIGM(1,1)、BIGM(1,1)和
第 3 章模型的拟合平均绝对百分比误差分别为0.96%、9.53%和1.37%. MBIGM(1,1)、
BIGM(1, 1) 和第 3 章模型的预测平均绝对百分比误差分别为3.87%、6.19%和5.62%.

MBIGM(1, 1) 的拟合精度和预测精度均为最佳.

表 10-5 社会消费品零售总额的区间预测结果

年	MBIGM(1, 1)	BIGM(1, 1)	第 3 章模型
2010	[1.20, 1.63]	[1.40, 2.04]	[1.26, 1.67]
2011	[1.49, 1.94]	[1.53, 2.23]	[1.44, 1.90]
2012	[1.66, 2.17]	[1.67, 2.44]	[1.64, 2.16]
2013	[1.88, 2.46]	[1.83, 2.66]	[1.87, 2.45]
2014	[2.13, 2.78]	[2.00, 2.91]	[2.14, 2.77]
2015	[2.41, 3.15]	[2.18, 3.18]	[2.44, 3.17]
2016	[2.72, 3.56]	[2.38, 3.47]	[2.78, 3.60]
2017	[3.08, 4.03]	[2.60, 3.79]	[3.18, 4.09]
MAPE	0.96%	9.53%	1.37%
	3.87%	6.19%	5.62%

10.7 结 果 分 析

从实例可以看出, 矩阵系数灰色模型的预测精度优于基于整体发展系数和序列转换的灰色模型. 这里对模型进行分析. 面向三元区间数的矩阵型 GM(1, 1) 的预测公式是:

$$
\begin{bmatrix} x_{\mathrm{L}}^{(0)}(k) \\ x_{\mathrm{M}}^{(0)}(k) \\ x_{\mathrm{U}}^{(0)}(k) \end{bmatrix} = \begin{bmatrix} \beta_1 \\ \beta_2 \\ \beta_3 \end{bmatrix} + \begin{bmatrix} \alpha_{11} & \alpha_{12} & \alpha_{13} \\ \alpha_{21} & \alpha_{22} & \alpha_{23} \\ \alpha_{31} & \alpha_{32} & \alpha_{33} \end{bmatrix} \begin{bmatrix} x_{\mathrm{L}}^{(1)}(k-1) \\ x_{\mathrm{M}}^{(1)}(k-1) \\ x_{\mathrm{U}}^{(1)}(k-1) \end{bmatrix}
$$

$$
= \begin{bmatrix} \beta_1 + \alpha_{11}x_{\mathrm{L}}^{(1)}(k-1) + \alpha_{12}x_{\mathrm{M}}^{(1)}(k-1) + \alpha_{13}x_{\mathrm{U}}^{(1)}(k-1) \\ \beta_2 + \alpha_{21}x_{\mathrm{L}}^{(1)}(k-1) + \alpha_{22}x_{\mathrm{M}}^{(1)}(k-1) + \alpha_{23}x_{\mathrm{U}}^{(1)}(k-1) \\ \beta_3 + \alpha_{31}x_{\mathrm{L}}^{(1)}(k-1) + \alpha_{32}x_{\mathrm{M}}^{(1)}(k-1) + \alpha_{33}x_{\mathrm{U}}^{(1)}(k-1) \end{bmatrix}
$$

因为

$$x_{\mathrm{L}}^{(1)}(k-1)=\sum_{t=1}^{k-1}x_{\mathrm{L}}^{(0)}(t),\ x_{\mathrm{M}}^{(1)}(k-1)=\sum_{t=1}^{k-1}x_{\mathrm{M}}^{(0)}(t),\ x_{\mathrm{U}}^{(1)}(k-1)=\sum_{t=1}^{k-1}x_{\mathrm{U}}^{(0)}(t).$$

所以, 区间数的每个界点的预测值都同时受到前面所有观察值的三个界点的影响.
而且, $x_{\mathrm{L}}^{(1)}(k-1)$, $x_{\mathrm{M}}^{(1)}(k-1)$, $x_{\mathrm{U}}^{(1)}(k-1)$ 的系数各不相同, 这就使得模型有较好的
适应性.

对于其他模型, 它们仍然是基于经典 GM(1, 1) 的模型方程: $x^{(0)}(k)+az^{(1)}(k)=$
b. 因为 $z^{(1)}(k)=0.5[x^{(0)}(k)+2x^{(1)}(k-1)]$, 所以模型方程即为 $(1+0.5a)x^{(0)}(k)+$
$ax^{(1)}(k-1)=b$, 所以得到

$$x^{(0)}(k)=\alpha x^{(1)}(k-1)+b, \tag{10-14}$$

其中, $\alpha=-a(1+0.5a)^{-1}$. 由上式可以看出其他模型是基于区间数各界点分别建
模, 没有考虑各个界点之间的相互联系, 因此其他模型的适应性低于本章提出的矩
阵系数灰色模型.

第 11 章　矩阵型多变量灰色模型

GM$(1, N)$ 和 GM$(0, N)$ 是多变量灰色系统建模方法的基本模型, 该模型中包含一个系统行为特征变量和 $N-1$ 个影响因素变量, 常用于分析多个影响因素变量对系统行为特征变量的作用, 还可以在已知影响因素变量的变化趋势的情形下, 对系统行为特征变量作预测. 本章将给出 GM$(1, N)$ 和 GM$(0, N)$ 的矩阵型, 使其能直接对区间数建模.

11.1　区间数灰色关联度

定义 11.1 设 $\tilde{x} = [x_{\mathrm{L}}, x_{\mathrm{U}}]$, $\tilde{y} = [y_{\mathrm{L}}, y_{\mathrm{U}}]$ 为两个区间数, 则称

$$L\left(\tilde{x}, \tilde{y}\right) = \frac{1}{\sqrt[p]{2}}[(x_{\mathrm{L}} - y_{\mathrm{L}})^p + (x_{\mathrm{U}} - y_{\mathrm{U}})^p]^{\frac{1}{p}}$$

为 $\tilde{x}$ 与 $\tilde{y}$ 的距离.

当 $p = 1$ 时, 记 $L_1\left(\tilde{x}, \tilde{y}\right) = \frac{1}{2}\left[(x_{\mathrm{L}} - y_{\mathrm{L}}) + (x_{\mathrm{U}} - y_{\mathrm{U}})\right]$, 称 L_1 为海明距离;

当 $p = 2$ 时, 记 $L_2\left(\tilde{x}, \tilde{y}\right) = \frac{1}{\sqrt{2}}\left[(x_{\mathrm{L}} - y_{\mathrm{L}})^2 + (x_{\mathrm{U}} - y_{\mathrm{U}})^2\right]^{\frac{1}{2}}$, 称 L_2 为欧式距离;

当 $\tilde{x}$ 与 $\tilde{y}$ 都为实数时, 即 $x_{\mathrm{L}} = x_{\mathrm{U}}$, $y_{\mathrm{L}} = y_{\mathrm{U}}$ 时, $L\left(\tilde{x}, \tilde{y}\right) = x_{\mathrm{L}} - y_{\mathrm{L}} = d\left(\tilde{x}, \tilde{y}\right)$, $d\left(\tilde{x}, \tilde{y}\right)$ 为实数 $\tilde{x}$ 与 $\tilde{y}$ 之间的距离. 故区间数距离实际上是实数距离的推广.

定义 11.2 设系统特征的区间数序列为

$$\tilde{X}_1^{(0)} = \left\{\tilde{x}_1^{(0)}\left(1\right), \tilde{x}_1^{(0)}\left(2\right), \cdots, \tilde{x}_1^{(0)}\left(n\right)\right\},$$

其中, $\tilde{x}_1^{(0)}\left(k\right) = \left[x_{1\mathrm{L}}^{(0)}\left(k\right), x_{1\mathrm{U}}^{(0)}\left(k\right)\right]$, $k = 1, \cdots, n$. 而相关因素序列为

$$\tilde{X}_i^{(0)} = \left\{\tilde{x}_i^{(0)}\left(1\right), \tilde{x}_i^{(0)}\left(2\right), \cdots, \tilde{x}_i^{(0)}\left(n\right)\right\},$$

其中, $\tilde{x}_i^{(0)}(k) = \left[x_{i\mathrm{L}}^{(0)}(k), x_{i\mathrm{U}}^{(0)}(k)\right]$, $k = 1, 2, \cdots, n$, $i = 2, \cdots, n$. 则称

$$\xi_{1i} = \frac{\min\limits_{i}\min\limits_{k}|L_{1i}(k)| + \rho \max\limits_{i}\max\limits_{k}|L_{1i}(k)|}{|L_{1i}(k)| + \rho \max\limits_{i}\max\limits_{k}|L_{1i}(k)|}$$

为 $\tilde{X}_1^{(0)}$ 和 $\tilde{X}_i^{(0)}$ 在第 k 时刻或第 k 点的区间数关联度, 其中, $\rho \in [0,1]$ 为分辨系数, 一般取为 0.5.

设各相关因素权重为 ω_i, 则区间数序列 $\tilde{X}_1^{(0)}$ 和 $\tilde{X}_i^{(0)}$ 的区间数灰色关联度为

$$\gamma_{1i} = \sum_{k=1}^{n} \omega_k \xi_{1i}(k).$$

如果 γ_{1i} 大于 0.5, 则 $\tilde{X}_1^{(0)}$ 和 $\tilde{X}_i^{(0)}$ 是相关的.

11.2　矩阵型 GM(1, N)

设系统特征的区间数序列为 $\tilde{X}_1^{(0)} = \{\tilde{x}_1^{(0)}(1), \tilde{x}_1^{(0)}(2), \cdots, \tilde{x}_1^{(0)}(n)\}$, 其中,

$$\tilde{x}_1^{(0)}(i) = \left[x_{1\mathrm{L}}^{(0)}(i), x_{1\mathrm{U}}^{(0)}(i)\right], \ i = 1, 2, \cdots, n.$$

一次累加生成序列为 $\tilde{X}_1^{(1)} = \{\tilde{x}_1^{(1)}(1), \tilde{x}_1^{(1)}(2), \cdots, \tilde{x}_1^{(1)}(n)\}$, 其中,

$$\tilde{x}_1^{(1)}(i) = \sum_{k=1}^{i} \tilde{x}_1^{(0)}(k) = \left[\sum_{k=1}^{i} x_{1\mathrm{L}}^{(0)}(k), \sum_{k=1}^{i} x_{1\mathrm{U}}^{(0)}(k)\right] = \left[x_{1\mathrm{L}}^{(1)}(i), x_{1\mathrm{U}}^{(1)}(i)\right], i = 1, \cdots, n.$$

背景值序列为

$$\tilde{z}_1^{(1)}(i) = \left[0.5\left(x_{1\mathrm{L}}^{(1)}(i-1) + x_{1\mathrm{L}}^{(1)}(i)\right), 0.5\left(x_{1\mathrm{U}}^{(1)}(i-1) + x_{1\mathrm{U}}^{(1)}(i)\right)\right].$$

设相关因素序列为 $\tilde{X}_j^{(0)} = \{\tilde{x}_j^{(0)}(1), \cdots, \tilde{x}_j^{(0)}(n)\}$, 其中,

$$\tilde{x}_j^{(0)}(i) = \left[x_{j\mathrm{L}}^{(0)}(i), x_{j\mathrm{U}}^{(0)}(i)\right], \ i = 1, 2, \cdots, n, \ j = 2, \cdots, N.$$

相关因素序列的一次累加生成序列类似于 $\tilde{X}_1^{(1)}$. 下面给出面向区间数序列的矩阵型 GM(1, N).

定义 11.3 面向区间数序列的矩阵型 GM(1, N) (简记为 MINGM (1,N)) 的方

程为

$$
\begin{bmatrix} x_{1\mathrm{L}}^{(0)}(k) \\ x_{1\mathrm{U}}^{(0)}(k) \end{bmatrix} + \begin{bmatrix} a_{11} & a_{12} \\ a_{21} & a_{22} \end{bmatrix} \begin{bmatrix} z_{1\mathrm{L}}^{(0)}(k) \\ z_{1\mathrm{U}}^{(0)}(k) \end{bmatrix}
$$
$$
= \begin{bmatrix} b_{11}^{(2)} & b_{12}^{(2)} \\ b_{21}^{(2)} & b_{22}^{(2)} \end{bmatrix} \begin{bmatrix} x_{2\mathrm{L}}^{(1)}(k) \\ x_{2\mathrm{U}}^{(1)}(k) \end{bmatrix} + \cdots + \begin{bmatrix} b_{11}^{(N)} & b_{12}^{(N)} \\ b_{21}^{(N)} & b_{22}^{(N)} \end{bmatrix} \begin{bmatrix} x_{N\mathrm{L}}^{(1)}(k) \\ x_{N\mathrm{U}}^{(1)}(k) \end{bmatrix} + \begin{bmatrix} a_1 \\ a_2 \end{bmatrix},
$$

$$(11\text{-}1)$$

其中, 区间数设为二维列向量, 驱动系数设为二阶方阵, 补偿系数设为二维列向量 $\begin{bmatrix} a_1 \\ a_2 \end{bmatrix}$.

由矩阵运算律, 式 (11-1) 即为下列方程组:

$$
\begin{cases}
x_{1\mathrm{L}}^{(0)}(k) + a_{11}z_{1\mathrm{L}}^{(1)}(k) + a_{12}z_{1\mathrm{U}}^{(1)}(k) = \sum_{i=2}^{N} b_{11}^{(i)}x_{i\mathrm{L}}^{(1)}(k) + \sum_{i=2}^{N} b_{12}^{(i)}x_{i\mathrm{U}}^{(1)}(k) + a_1, \\
x_{1\mathrm{U}}^{(0)}(k) + a_{21}z_{1\mathrm{L}}^{(1)}(k) + a_{22}z_{1\mathrm{U}}^{(1)}(k) = \sum_{i=2}^{N} b_{21}^{(i)}x_{i\mathrm{L}}^{(1)}(k) + \sum_{i=2}^{N} b_{22}^{(i)}x_{i\mathrm{U}}^{(1)}(k) + a_2.
\end{cases}
$$

$$(11\text{-}2)$$

将一次累加生成序列和背景值系列代入式 (11-2) 得

$$
\begin{cases}
(1+0.5)\,a_{11}x_{1\mathrm{L}}^{(0)}(k) + 0.5a_{12}x_{1\mathrm{U}}^{(0)}(k) = P_1, \\
0.5a_{21}x_{1\mathrm{L}}^{(0)}(k) + (1+0.5)\,a_{22}x_{1\mathrm{U}}^{(0)}(k) = P_2,
\end{cases}
$$

$$(11\text{-}3)$$

其中,

$$
P_1 = \sum_{i=2}^{N} b_{11}^{(i)}x_{i\mathrm{L}}^{(1)}(k) + \sum_{i=2}^{N} b_{12}^{(i)}x_{i\mathrm{U}}^{(1)}(k) + a_1 - a_{11}x_{1\mathrm{L}}^{(1)}(k-1) - a_{12}x_{1\mathrm{U}}^{(1)}(k-1),
$$
$$
P_2 = \sum_{i=2}^{N} b_{21}^{(i)}x_{i\mathrm{L}}^{(1)}(k) + \sum_{i=2}^{N} b_{22}^{(i)}x_{i\mathrm{U}}^{(1)}(k) + a_2 - a_{21}x_{1\mathrm{L}}^{(1)}(k-1) - a_{22}x_{1\mathrm{U}}^{(1)}(k-1).
$$

由克拉默法则可得

$$
\begin{bmatrix} x_{1\mathrm{L}}^{(0)}(k) \\ x_{1\mathrm{U}}^{(0)}(k) \end{bmatrix} = \left[\frac{D_1}{D}, \frac{D_2}{D} \right]^{\mathrm{T}},
$$

$$(11\text{-}4)$$

其中,

$$
D_1 = \begin{vmatrix} P_1 & 0.5a_{12} \\ P_2 & (1+0.5)\,a_{22} \end{vmatrix}, \quad D_2 = \begin{vmatrix} (1+0.5)\,a_{11} & P_1 \\ 0.5a_{21} & P_2 \end{vmatrix},
$$

$$D = \begin{vmatrix} (1+0.5)\,a_{11} & 0.5a_{12} \\ 0.5a_{21} & (1+0.5)\,a_{22} \end{vmatrix} \neq 0.$$

将式 (11-4) 进一步展开得

$$\begin{cases} x_{1L}^{(0)}(k) = \sum\limits_{i=2}^{N} \beta_{11}^{(i)} x_{iL}^{(1)}(k) + \sum\limits_{i=2}^{N} \beta_{12}^{(i)} x_{iU}^{(1)}(k) + a_{11} x_{1L}^{(1)}(k-1) + a_{12} x_{1U}^{(1)}(k-1) + a_1, \\ x_{1U}^{(0)}(k) = \sum\limits_{i=2}^{N} \beta_{21}^{(i)} x_{iL}^{(1)}(k) + \sum\limits_{i=2}^{N} \beta_{22}^{(i)} x_{iU}^{(1)}(k) + a_{21} x_{1L}^{(1)}(k-1) + a_{22} x_{1U}^{(1)}(k-1) + a_2. \end{cases}$$

$$(11\text{-}5)$$

式 (11-5) 是一个递推式, 即可作为 MINGM $(1, N)$ 的预测公式. 由式 (11-5), 采用
最小二乘法可得参数估计值. 令

$$\boldsymbol{A}_1 = \left[\beta_{11}^{(1)}, \beta_{11}^{(2)}, \cdots, \beta_{11}^{(N)}, \beta_{12}^{(1)}, \beta_{12}^{(2)}, \cdots, \beta_{12}^{(N)}, \alpha_{11}, \alpha_{12}, a_1 \right]^{\mathrm{T}},$$

$$\boldsymbol{A}_2 = \left[\beta_{21}^{(1)}, \beta_{21}^{(2)}, \cdots, \beta_{21}^{(N)}, \beta_{22}^{(1)}, \beta_{22}^{(2)}, \cdots, \beta_{22}^{(N)}, \alpha_{21}, \alpha_{22}, a_2 \right]^{\mathrm{T}}.$$

则最小二乘法的参数估计值为

$$\boldsymbol{A}_1 = \left(\boldsymbol{X}^{\mathrm{T}} \boldsymbol{X} \right)^{-1} \boldsymbol{X}^{\mathrm{T}} \boldsymbol{Y}_{\mathrm{L}}, \ \boldsymbol{A}_2 = \left(\boldsymbol{X}^{\mathrm{T}} \boldsymbol{X} \right)^{-1} \boldsymbol{X}^{\mathrm{T}} \boldsymbol{Y}_{\mathrm{U}},$$

其中,

$$\boldsymbol{X} = \begin{bmatrix} x_{2L}^{(1)}(2) & \cdots & x_{NU}^{(1)}(2) & x_{1L}^{(1)}(1) & x_{1U}^{(1)}(1) & 1 \\ x_{2L}^{(1)}(3) & \cdots & x_{NU}^{(1)}(3) & x_{1L}^{(1)}(2) & x_{1U}^{(1)}(2) & 1 \\ \vdots & & \vdots & \vdots & \vdots & \vdots \\ x_{2L}^{(1)}(n) & \cdots & x_{NU}^{(1)}(n) & x_{1L}^{(1)}(n-1) & x_{1U}^{(1)}(n-1) & 1 \end{bmatrix},$$

$$\boldsymbol{Y}_{\mathrm{L}} = \left[x_{1L}^{(0)}(2), x_{1L}^{(0)}(3), \cdots, x_{1L}^{(0)}(n) \right]^{\mathrm{T}}, \ \boldsymbol{Y}_{\mathrm{U}} = \left[x_{1U}^{(0)}(2), x_{1U}^{(0)}(3), \cdots, x_{1U}^{(0)}(n) \right]^{\mathrm{T}}.$$

将参数估计值代入递推式 (11-5), 即可得系统特征的区间数预测值:

$$\hat{\bar{x}}_1^{(0)}(k) = \left[\hat{x}_{1L}^{(0)}(k), \hat{x}_{1U}^{(0)}(k) \right].$$

11.3 矩阵型 GM(0, N)

定义 11.4 面向区间数序列的矩阵型 GM(0, N) (简记为 MINGM (0,N)) 的模型方程为

$$
\begin{bmatrix} x_{1L}^{(0)}(k) \\ x_{1U}^{(0)}(k) \end{bmatrix} = \begin{bmatrix} b_{11}^{(2)} & b_{12}^{(2)} \\ b_{21}^{(2)} & b_{22}^{(2)} \end{bmatrix} \begin{bmatrix} x_{2L}^{(1)}(k) \\ x_{2U}^{(1)}(k) \end{bmatrix} + \cdots + \begin{bmatrix} b_{11}^{(N)} & b_{12}^{(N)} \\ b_{21}^{(N)} & b_{22}^{(N)} \end{bmatrix} \begin{bmatrix} x_{NL}^{(1)}(k) \\ x_{NU}^{(1)}(k) \end{bmatrix}
$$
$$
+ \begin{bmatrix} a_1 \\ a_2 \end{bmatrix}.
$$

$$(11\text{-}6)$$

由矩阵运算律, 式 (11-6) 即为下列方程组:

$$
\begin{cases}
x_{1L}^{(0)}(k) = \sum_{i=2}^{N} b_{11}^{(i)} x_{iL}^{(1)}(k) + \sum_{i=2}^{N} b_{12}^{(i)} x_{iU}^{(1)}(k) + a_1, \\
x_{1U}^{(0)}(k) = \sum_{i=2}^{N} b_{21}^{(i)} x_{iL}^{(1)}(k) + \sum_{i=2}^{N} b_{22}^{(i)} x_{iU}^{(1)}(k) + a_2.
\end{cases}
$$

$$(11\text{-}7)$$

令

$$
\begin{cases}
\boldsymbol{A}_1 = \left[b_{11}^{(1)}, b_{11}^{(2)}, \cdots, b_{11}^{(N)}, b_{12}^{(1)}, b_{12}^{(2)}, \cdots, b_{12}^{(N)}, a_1 \right]^{\mathrm{T}}, \\
\boldsymbol{A}_2 = \left[b_{21}^{(1)}, b_{21}^{(2)}, \cdots, b_{21}^{(N)}, b_{22}^{(1)}, b_{22}^{(2)}, \cdots, b_{22}^{(N)}, a_2 \right]^{\mathrm{T}}.
\end{cases}
$$

则由最小二乘法得式 (11-7) 的参数估计值为

$$
\boldsymbol{A}_1 = \left(\boldsymbol{X}^{\mathrm{T}} \boldsymbol{X} \right)^{-1} \boldsymbol{X}^{\mathrm{T}} \boldsymbol{Y}_{\mathrm{L}}, \quad \boldsymbol{A}_2 = \left(\boldsymbol{X}^{\mathrm{T}} \boldsymbol{X} \right)^{-1} \boldsymbol{X}^{\mathrm{T}} \boldsymbol{Y}_{\mathrm{U}},
$$

其中,

$$
\boldsymbol{X} = \begin{bmatrix}
x_{2L}^{(1)}(2) & \cdots & x_{NL}^{(1)}(2) & x_{2U}^{(1)}(2) & \cdots & x_{NU}^{(1)}(2) & 1 \\
x_{2L}^{(1)}(3) & \cdots & x_{NL}^{(1)}(3) & x_{2U}^{(1)}(3) & \cdots & x_{NU}^{(1)}(3) & 1 \\
\vdots & & \vdots & \vdots & & \vdots & \vdots \\
x_{2L}^{(1)}(n) & \cdots & x_{NL}^{(1)}(n) & x_{2U}^{(1)}(n) & \cdots & x_{NU}^{(1)}(n) & 1
\end{bmatrix},
$$

$$
\boldsymbol{Y}_{\mathrm{L}} = \left[x_{1L}^{(0)}(2), x_{1L}^{(0)}(3), \cdots, x_{1L}^{(0)}(n) \right]^{\mathrm{T}}, \quad \boldsymbol{Y}_{\mathrm{U}} = \left[x_{1U}^{(0)}(2), x_{1U}^{(0)}(3), \cdots, x_{1U}^{(0)}(n) \right]^{\mathrm{T}}.
$$

将参数估计值代入递推式 (11-7), 即可得系统特征的区间数预测值:

$$
\hat{x}_1^{(0)}(k) = \left[\hat{x}_{1L}^{(0)}(k), \hat{x}_{1U}^{(0)}(k) \right].
$$

11.4　MINGM $(1, N)$ 实例分析

例 11-1　上海证券综合指数简称"上证指数"或"上证综指", 反映了上海证券交易所上市股票价格的变动情况及上海证券交易市场的总体走势. 这里选取了 2000－2016 年上证指数的月度数据 (见表 11-1), 将每年 12 个月上证指数收盘时的最大值、最小值分别作为系统特征区间数序列的上界点和下界点, 再选取其最高点位、最低点位作为相关因素序列, 同样将其最大值、最小值分别作为系统特征区间数序列的下界点和上界点, 建立一个区间数序列 GM(1, 3). 其中选取 2000－2014 年的数据进行建模, 2015－2016年的数据作为预测误差检验数据.

表 11-1　系统特征及相关因素的原始区间序列

年	收盘点位$\tilde{X}_1^{(0)}$	最高点位$\tilde{X}_2^{(0)}$	最低点位$\tilde{X}_3^{(0)}$
2000	[1534.99, 2073.47]	[1547.70, 2125.72]	[1361.21, 2024.28]
2001	[1645.97, 2218.02]	[1748.00, 2245.43]	[1514.86, 2157.12]
2002	[1357.65, 1732.76]	[1439.85, 1748.89]	[1339.20, 1647.27]
2003	[1348.30, 1576.26]	[1411.88, 1649.60]	[1307.40, 1483.69]
⋮	⋮	⋮	⋮
2014	[2026.36, 3234.68]	[2061.06, 3239.36]	[1974.38, 2665.69]
2015	[3052.78, 4611.74]	[3256.74, 5178.19]	[2850.71, 4099.04]
2016	[2687.98, 3250.03]	[2933.96, 3538.69]	[2638.30, 3094.10]

首先, $\tilde{X}_1^{(0)}$ 与 $\tilde{X}_3^{(0)}$、$\tilde{X}_2^{(0)}$ 的灰色关联度为 $\gamma_{12} = 0.81$, $\gamma_{13} = 0.77$. 两个关联度都大于 0.5, 所以 $\tilde{X}_2^{(0)}$ 与 $\tilde{X}_3^{(0)}$ 可作为 $\tilde{X}_1^{(0)}$ 的相关因素. 将数据代入 MINGM $(1, N)$ 得预测公式为:

$$x_{1L}^{(0)}(k) = 0.0741x_{2L}^{(1)}(k) + 1.0025x_{3L}^{(1)}(k) + 0.066x_{2U}^{(1)}(k) - 0.0527x_{3U}^{(1)}(k) -$$
$$1.065x_{1L}^{(1)}(k-1) - 0.0036x_{1U}^{(1)}(k-1) + 84.8165,$$

$$x_{1U}^{(0)}(k) = -1.359x_{2L}^{(1)}(k) + 1.7994x_{3L}^{(1)}(k) + 0.7306x_{2U}^{(1)}(k) + 0.2635x_{3U}^{(1)}(k) -$$
$$0.1868x_{1L}^{(1)}(k-1) - 1.069x_{1U}^{(1)}(k-1) - 292.9425.$$

本书还采用两种具有代表性的区间序列预测方法与 MINGM (1, 3) 进行了比较. 一种是文献 [53] 提出的基于整体发展系数的 BINGM (1, 1), 另一种是文献 [76] 提出的将区间序列转换为实数序列的基于克拉默法则的 CIGM(1, 1). 三个模型的预测曲线见图 11-1. 表 11-2 给出了三个模型的平均绝对百分比误差 (MAPE) 和对 2015－2016 年的预测结果. 从图 11-1 可以看出, MINGM (1, 3) 的拟合和预测效果很好, 表 11-2 中的拟合平均绝对百分比误差只有 1.22%, 预测平均绝对百分比误差 5.73%, 精度都很高.

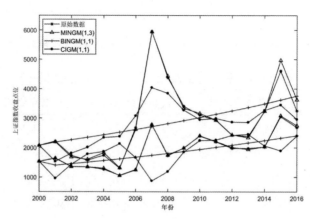

图 11-1　三个模型对收盘点位的预测曲线

表 11-2　三个模型对收盘点位的拟合与预测结果比较

	原始数据	MINGM(1,3)	BINGM(1,1)	CIGM(1,1)
MAPE	2001－2014	1.22%	23.47%	25.50%
2015	[3053, 4612]	[3086, 4972]	[2325, 3622]	[1897, 3456]
2016	[2688, 3250]	[2751, 3631]	[2410, 3756]	[2401, 2963]
MAPE	2015－2016	5.73%	17.80%	20.60%

例 11-2　在国家统计局及中国电力企业联合会网站上获取了 2010－2017 年的发电量及用电量的月度数据. 由于有些年份缺少 1 月和 2 月的数据, 所以取每年 3 月到 12 月的最大值和最小值作为区间数序列的上、下界点. 具体建模数据见表 11-3. 以发电量作为系统特征, 以用电量作为相关影响因素, 两者的灰色关联度

为 0.93. 用 2010－2016 年的区间数序列建立 MINGM (1, 2). 用 2017 年的数据验证模型的预测效果. 和上例一样, 同时建立了 BINGM (1, 1) 和 CIGM(1, 1), 误差比较见表 11-4. 可以看出, MINGM(1, 2) 的拟合和预测效果最好.

表 11-3　全国发电量和用电量的区间数序列

年	发电量/TW·h	用电量/TW·h
2010	[3316, 3903]	[3394, 3975]
2011	[3640, 4260]	[3768, 4349]
2012	[3718, 4373]	[3899, 4556]
2013	[3994, 4987]	[4165, 5103]
2014	[4250, 5048]	[4356, 5097]
2015	[4450, 5155]	[4415, 5124]
2016	[4445, 5617]	[4569, 5631]
2017	[4767, 6047]	[4847, 6072]

表 11-4　三个模型对发电量的拟合与预测结果比较

单位:TW·h

	原始数据	MINGM(1,3)	BINGM(1,1)	CIGM(1,1)
2011	[3640.4, 4260.4]	[3615.7, 4238.9]	[3541.0, 4262.0]	[3587.7, 4207.7]
2012	[3718.2, 4372.8]	[3756.8, 4406.3]	[3739.5, 4500.9]	[3841.2, 4495.8]
2013	[3994.4, 4987.0]	[3972.3, 4967.8]	[3949.1, 4753.3]	[3917.3, 4909.9]
2014	[4250.2, 5047.9]	[4283.7, 5077.0]	[4170.5, 5019.8]	[4236.5, 5034.2]
2015	[4450.3, 5155.3]	[4417.1, 5126.5]	[4404.4, 5301.1]	[4483.6, 5188.6]
2016	[4444.5, 5617.2]	[4452.5, 5624.1]	[4651.3, 5598.4]	[4431.4, 5604.1]
MAPE	2011－2016	0.58%	1.95%	1.23%
2017	[4767.2, 6047.4]	[4790.0, 6232.9]	[4912.1, 5912.3]	[4542.1, 5822.3]
MAPE	2017	1.74%	2.62%	24.22%

上述两种情况分别是 MINGM (1, N) 在振荡序列和稳定增长序列上的应用. 基于以上结果, 可以发现: BINGM(1, 1) 和 CIGM(1, 1) 两种模型在预测稳定增长序列

时都具有较好的效果, 而对振荡较大的序列的预测效果并不理想. MINGM (1, N) 则对两类序列的拟合和预测效果都很好.

11.5　MINGM$(0, N)$ 实例分析

例 11-3　在国家统计局网站获取了 2005－2017 年农业总产值累计值、国内生产总值以及第一产业增加值的季度数据. 由于获取的农业生产总值为各年每季度的累计值, 我们首先对季度的累计值做累减处理, 可得到各年每个季度当季的农业生产总值, 并将处理后的序列作为系统特征序列. 将获取的国内生产总值及第一产业增加值的当季值数据作为相关因素序列, 并且分别取每年四个季度中的最小值、最大值为区间数序列的下界点和上界点, 建立 MINGM (0, 3). 农业生产总值、国内生产总值及第一产业增加值的原始区间数序列见表 11-5.

表 11-5　系统特征及相关因素原始区间数序列

单位: 亿元

年	农业总产值 $\tilde{X}_1^{(0)}$	国内生产总值 $\tilde{X}_2^{(0)}$	第一产业增加值 $\tilde{X}_3^{(0)}$
2005	[1350.1, 7397.9]	[40453.3, 54024.8]	[2884.0, 7956.4]
2006	[1653.5, 7927.9]	[47078.9, 63621.6]	[3012.7, 8616.6]
2007	[1813.0, 9428.8]	[57177.0, 78721.4]	[3486.4, 10381.5]
2008	[2187.0, 10170.6]	[69410.4, 88794.3]	[4407.4, 11541.5]
2009	[2271.0, 11179.1]	[74053.1, 101032.8]	[4441.1, 12567.9]
2010	[2722.4, 13457.8]	[87616.7, 119642.5]	[4944.8, 14528.2]
2011	[3120.1, 15178.7]	[104641.3, 138503.3]	[5767.5, 16688.3]
2012	[3567.5, 17158.5]	[117593.9, 152468.9]	[6687.0, 18738.5]
2013	[3862.2, 19164.6]	[129747.0, 168625.1]	[7169.6, 20724.1]
2014	[4292.6, 19972.4]	[140618.3, 181182.5]	[7491.9, 21522.7]
2015	[4614.7, 21253.5]	[150986.7, 192851.9]	[7770.4, 22517.5]
2016	[5292.1, 21442.4]	[161456.3, 211151.4]	[8803.2, 23005.7]
2017	[5022.7, 22995.5]	[180385.3, 234582.2]	[8654.0, 24238.5]

将 2005－2014 年的数据作为建模数据, 2015－2017 年的数据进行预测检验. 由于序列的单位不同, 故先对数据消除量纲, 即初值化, 再计算区间数灰色关联度. 农业总产值与国内生产总值的灰色关联度为 $\gamma_{12}= 0.81$. 农业总产值与第一产业增加值的灰色关联度为 $\gamma_{13}= 0.75$. 灰色关联度都大于 0.5. MINGM(0, 3), BINGM(1, 1) 和 CIGM (1, 1) 的拟合与预测误差如表 11-6 所示. 可以看出, MINGM (0, 3) 的拟合和预测效果都很好, 拟合和预测平均绝对百分比误差分别只有 0.85% 和 3.89%, 显著高于其他模型.

表 11-6 三个模型对农业生产总值的拟合和预测结果比较

单位: 亿元

	原始数据	MINGM(0,3)	BINGM(1,1)	CIGM(1,1)
MAPE	2006－2014	0.85%	3.05%	4.00%
2015	[4614.7, 21253.5]	[4455.3, 21120.6]	[4921.7, 23742.6]	[5347.0, 21985.8]
2016	[5292.1, 21442.4]	[4821.3, 20440.6]	[5544.4, 26746.7]	[6914.1, 23064.4]
2017	[5022.7, 22995.5]	[5209.1, 22541.8]	[6245.9, 30130.9]	[7405.5, 25378.3]
MAPE	2015－2017	3.89%	17.20%	38.40%

例 11-4 在国家统计局网站获取了 2001－2016 年国内消费者价格指数、食品类 CPI 和穿着类 CPI 的月度数据. 目前, 我国的消费结构主要还是受食品和衣着的影响, 所以, 我们将食品和衣着的 CPI 作为全国 CPI 的相关影响因素. 取每年各月的最小值、最大值作为各个区间数序列的下界点和上界点, 建立 MINGM (0, 3). 原始区间数序列见表 11-7. 将 2001－2014 年的数据将作为模型拟合数据, 得到模型后再对 2015－2016 年的数据进行预测. 全国 CPI 与食品类 CPI 的灰色关联度为 $\gamma_{12}= 0.68$, 全国 CPI 与穿着类 CPI 的灰色关联度为 $\gamma_{13}= 0.87$, 两者都大于 0.5, 所以食品类 CPI 和穿着类 CPI 可以作为全国 CPI 的相关因素进行建模. MINGM(0, 3)、BINGM(1, 1) 和 CIGM (1, 1) 的预测曲线和拟合与预测误差分别见图 11-2 和表 11-8. 可以看出, CPI 的区间数序列是一个振荡序列, 特别是在 2003－2012 年. MINGM(0, 3) 和 CIGM(1, 1) 优于 BINGM(1, 1), 后者过于平滑, 没有反映振荡规律. 对 2015－2016 年的预测结果, BINGM(1, 1) 反映了稳定的发展趋势, 预测精度

略高于 CIGM(1, 1), 而 MINGM(0, 3) 的拟合和预测效果最好.

表 11-7 CPI 的原始区间数序列

年	全国CPI	食品CPI	穿着CPI
2001	[99.7, 101.7]	[96.7, 101.7]	[97.7, 98.7]
2002	[98.7, 100.0]	[98.0, 100.6]	[97.1, 98.2]
2003	[100.2, 103.2]	[100.4, 108.6]	[97.1, 98.3]
2004	[102.1, 105.3]	[104.9, 114.6]	[98.2, 99.0]
2005	[100.9, 103.9]	[100.3, 108.8]	[97.5, 99.1]
2006	[100.8, 102.8]	[100.6, 106.3]	[98.4, 100.1]
2007	[102.2, 106.9]	[105.0, 118.2]	[98.3, 100.5]
2008	[101.2, 108.7]	[104.2, 123.3]	[97.8, 98.9]
2009	[98.2, 101.9]	[98.1, 105.3]	[97.3, 99.2]
2010	[101.5, 105.1]	[103.7, 111.7]	[98.5, 100.1]
2011	[104.1, 106.5]	[108.8, 114.8]	[99.8, 103.8]
2012	[101.7, 104.5]	[101.8, 107.5]	[102.3, 103.8]
2013	[102.0, 103.2]	[102.7, 106.5]	[102.0, 102.5]
2014	[101.4, 102.6]	[102.3, 104.1]	[101.9, 102.6]
2015	[100.8, 102.0]	[101.1, 103.7]	[102.0, 102.9]
2016	[101.3, 102.3]	[101.3, 107.6]	[101.2, 101.9]

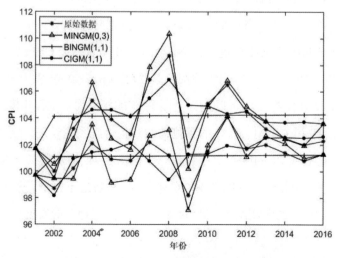

图 11-2 三个模型对 CPI 的预测曲线

表 11-8　三个模型对 CPI 的拟合与预测结果比较

	原始数据	MINGM(0,3)	BINGM(1,1)	CIGM(1,1)
MAPE	2001－2014	0.88%	1.39%	1.08%
2015	[100.8,102.0]	[101.0,101.9]	[101.2,104.3]	[102.5,103.7]
2016	[101.3,102.3]	[101.3,103.6]	[101.3,104.3]	[102.6,103.6]
MAPE	2015－2016	0.38%	1.17%	1.50%

　　本章通过引入二阶矩阵作为多元变量灰色模型方程的系数, 将区间数作为二维列向量, 建立了矩阵型多元变量灰色模型, 基于克拉默法则得到了预测公式. 通过几个实例表明, MINGM$(1, N)$ 和 MINGM $(0, N)$ 适用于不同类型的区间数序列, 拟合和预测效果都很好.

第 12 章　向量自回归和多元线性回归联合模型

向量自回归 (VAR) 模型是在实数自回归模型的基础上, 将参数改为矩阵, 由几个内生变量构成一个列向量, 然后直接对向量进行自回归. VAR 模型是考虑了构成一个列向量的几个内生变量之间的相互联系而建立预测模型的. 此模型常用于预测相互联系的时间序列系统以及分析随机扰动对系统变量的动态影响, 是处理多个相关工程或经济指标的分析与预测的主流模型之一. 并且, 多元移动平均 (MA) 模型和自回归移动平均 (ARMA) 模型也可转化成 VAR 模型, 因此近年来 VAR 模型受到越来越多的经济工作者的重视.

本章首先建立面向三元区间数序列的 VAR 模型. 我们将一个三元区间数看作一个三维列向量代入 VAR 模型, 使 VAR 模型能直接对三元区间数序列建模. VAR 模型只考虑了系统变量的自回归的方面, 没有考虑外在的关联因素对系统变量的影响. 所以我们将进一步建立面向三元区间数序列的多元线性回归模型对系统变量进行预测. 和向量自回归模型一样, 本章也将多元线性回归模型的系数改为三阶矩阵, 将三元区间数看作一个三维列向量代入模型, 这样建立的向量多元线性回归模型也能直接对三元区间数序列进行预测. 最后, 同时考虑系统变量的内在因素和外在因素, 建立面向三元区间数序列的向量自回归和多元线性回归联合模型.

12.1　面向区间数序列的向量自回归模型

设三元区间数序列为 $\tilde{Y} = \{\tilde{\boldsymbol{y}}(1),\ \tilde{\boldsymbol{y}}(2),\ \cdots,\ \tilde{\boldsymbol{y}}(n)\}$, 其中一个三元区间数看作一个三维列向量, 即

$$\tilde{\boldsymbol{y}}(t) = \begin{bmatrix} y_{\mathrm{L}}(t) \\ y_{\mathrm{M}}(t) \\ y_{\mathrm{U}}(t) \end{bmatrix},\ y_{\mathrm{L}}(t) \leqslant y_{\mathrm{M}}(t) \leqslant y_{\mathrm{U}}(t),$$

$y_L(t)$ 为下界点, $y_M(t)$ 是偏好值或中界点, $y_U(t)$ 为上界点, $t = 1, 2, \cdots, n$.

定义 12.1 具有如下结构的模型称为面向三元区间数序列的向量自回归 (TIVAR) 模型:

$$\tilde{\boldsymbol{y}}(t) = \boldsymbol{A}_0 + \boldsymbol{A}_1\tilde{\boldsymbol{y}}(t-1) + \boldsymbol{A}_2\tilde{\boldsymbol{y}}(t-2) + \cdots + \boldsymbol{A}_p\tilde{\boldsymbol{y}}(t-p) + \tilde{\boldsymbol{\varepsilon}}(t), \tag{12-1}$$

其中, p 为最大滞后阶数, $\boldsymbol{A}_0$ 为三维列向量, 记为 $\begin{bmatrix} a_L^{(0)} \\ a_M^{(0)} \\ a_U^{(0)} \end{bmatrix}$, $\boldsymbol{A}_i$ 为三阶方阵, 记为

$\begin{bmatrix} a_{11}^{(i)} & a_{12}^{(i)} & a_{13}^{(i)} \\ a_{21}^{(i)} & a_{22}^{(i)} & a_{23}^{(i)} \\ a_{31}^{(i)} & a_{32}^{(i)} & a_{33}^{(i)} \end{bmatrix}$, $i = 1, 2, \cdots, p$, $\tilde{\boldsymbol{\varepsilon}}(t)$ 为随机干扰列向量, 记为 $\begin{bmatrix} \varepsilon_L(t) \\ \varepsilon_M(t) \\ \varepsilon_U(t) \end{bmatrix}$.

将式 (12-1) 展开, 则面向三元区间数序列的向量自回归模型为:

$$\begin{bmatrix} y_L(t) \\ y_M(t) \\ y_U(t) \end{bmatrix} = \begin{bmatrix} a_L^{(0)} \\ a_M^{(0)} \\ a_U^{(0)} \end{bmatrix} + \begin{bmatrix} a_{11}^{(1)} & a_{12}^{(1)} & a_{13}^{(1)} \\ a_{21}^{(1)} & a_{22}^{(1)} & a_{23}^{(1)} \\ a_{31}^{(1)} & a_{32}^{(1)} & a_{33}^{(1)} \end{bmatrix} \begin{bmatrix} y_L(t-1) \\ y_M(t-1) \\ y_U(t-1) \end{bmatrix} + \cdots +$$

$$\begin{bmatrix} a_{11}^{(p)} & a_{12}^{(p)} & a_{13}^{(p)} \\ a_{21}^{(p)} & a_{22}^{(p)} & a_{23}^{(p)} \\ a_{31}^{(p)} & a_{32}^{(p)} & a_{33}^{(p)} \end{bmatrix} \begin{bmatrix} y_L(t-p) \\ y_M(t-p) \\ y_U(t-p) \end{bmatrix} + \begin{bmatrix} \varepsilon_L(t) \\ \varepsilon_M(t) \\ \varepsilon_U(t) \end{bmatrix}.$$

即为下面三个方程:

$$y_L(t) = a_L^{(0)} + a_{11}^{(1)}y_L(t-1) + a_{12}^{(1)}y_M(t-1) + a_{13}^{(1)}y_U(t-1) + \cdots +$$
$$a_{11}^{(p)}y_L(t-p) + a_{12}^{(p)}y_M(t-p) + a_{13}^{(p)}y_U(t-p) + \varepsilon_L(t), \tag{12-2}$$

$$y_M(t) = a_M^{(0)} + a_{21}^{(1)}y_L(t-1) + a_{22}^{(1)}y_M(t-1) + a_{23}^{(1)}y_U(t-1) + \cdots +$$
$$a_{21}^{(p)}y_L(t-p) + a_{22}^{(p)}y_M(t-p) + a_{23}^{(p)}y_U(t-p) + \varepsilon_M(t), \tag{12-3}$$

$$y_U(t) = a_U^{(0)} + a_{31}^{(1)}y_L(t-1) + a_{32}^{(1)}y_M(t-1) + a_{33}^{(1)}y_U(t-1) + \cdots +$$
$$a_{31}^{(p)}y_L(t-p) + a_{32}^{(p)}y_M(t-p) + a_{33}^{(p)}y_U(t-p) + \varepsilon_U(t). \tag{12-4}$$

由 TIVAR 模型的定义可以看出, TIVAR 模型是将三元区间数的三个界点作为

三个内生变量建立向量回归模型, 考虑了区间数的三个界点之间的相互影响关系. 由式 (12-2) 可以看出, 区间的下界点除了受到下界点本身滞后项的影响外, 也同时受到中界点、上界点滞后项的影响. 式 (12-3) 和式 (12-4) 中的中界点、上界点也是如此. 也就是说, TIVAR 模型是将三元区间数的三个界点序列联合起来对其中一个界点序列进行预测, 这体现了三元区间数的三个界点的整体性和相互影响关系.

对于参数矩阵的估计, 由于仅有下界点、中界点、上界点的滞后变量出现在等式右端, 故不存在同期相关问题, 因此用最小二乘法做参数估计具有一致性和有效性. 下面还需要解决建立 TIVAR 模型的两个主要问题:

(1) 三元区间数的下界点、中界点、上界点这三个内生变量之间是否具有相关关系, 要用 "格兰杰因果性" 检验确定. 但是, 只有平稳序列才能做格兰杰因果性检验. 所以, 首先要做 "单位根检验", 即平稳性检验, 若非平稳, 则进行数据预处理, 比如取对数、差分, 并做协整检验.

(2) 如何确定 TIVAR 模型的最大滞后阶数 (p). 如果 p 过小, 则误差项 $\tilde{\varepsilon}(t)$ 可能存在自相关, 会导致参数估计的非一致性. 加大 p 值, 可以消除存在的自相关. 但是值过大, 待估参数太多, 自由度会降低, 进而影响参数估计的有效性. 常用的确定 p 值的方法有两种: 一种是用赤池信息量准则 (AIC) 和施瓦茨准则 (SC) 确定 p 值: 在增加 p 值的过程中, 当 TIVAR 模型的 AIC 和 SC 同时达到最小时即可. 对年度数据和季度数据, p 值一般增加到 4. 对月度数据, p 值一般增加到 12. 另一种是当 AIC 和 SC 的最小值对应不同的 p 值时, 则用似然比 (LR) 检验法.

VAR 模型的建模条件指出: 如果系统变量之间存在滞后影响, 而不存在同期影响关系, 则可以建立 VAR 模型. VAR 模型实际上是把同期影响关系隐含到了随机扰动项之中, 滞后阶数的确定过程就是保证随机扰动项刚好不存在自相关.

下面类似给出面向二元区间数序列的向量自回归模型. 设二元区间数序列为: $\tilde{Y} = \{\tilde{y}(1), \tilde{y}(2), \cdots, \tilde{y}(n)\}$, 其中一个二元区间数看作一个二维列向量, 即 $\tilde{y}(t) = [y_L(t) \ y_U(t)]^T$, 其中 $y_L(t)$ 为下界点, $y_U(t)$ 为上界点, $t = 1, 2, \cdots, n$.

定义 12.2 具有如下结构的模型称为面向二元区间数序列的向量自回归

(BIVAR) 模型:

$$\tilde{\boldsymbol{y}}(t) = \boldsymbol{A}_0 + \boldsymbol{A}_1\tilde{\boldsymbol{y}}(t-1) + \boldsymbol{A}_2\tilde{\boldsymbol{y}}(t-2) + \cdots + \boldsymbol{A}_p\tilde{\boldsymbol{y}}(t-p) + \tilde{\boldsymbol{\varepsilon}}(t), \quad (12\text{-}5)$$

其中, p 为最大滞后阶数, $\boldsymbol{A}_0$ 为二维列向量, 记为 $\begin{bmatrix} a_{\mathrm{L}}^{(0)} \\ a_{\mathrm{U}}^{(0)} \end{bmatrix}$, $\boldsymbol{A}_i$ 为二阶方阵, 记为

$\begin{bmatrix} a_{11}^{(i)} & a_{12}^{(i)} \\ a_{21}^{(i)} & a_{22}^{(i)} \end{bmatrix}$, $i = 1, 2, \cdots, p$, $\tilde{\boldsymbol{\varepsilon}}(t)$ 为随机干扰列向量, 记为 $\begin{bmatrix} \varepsilon_{\mathrm{L}}(t) \\ \varepsilon_{\mathrm{U}}(t) \end{bmatrix}$.

12.2　面向区间数序列的向量多元线性回归模型

VAR 模型只基于系统特征的滞后影响对系统特征进行预测, 没有考虑外在因素对系统特征的影响. 多元线性回归模型主要基于外在因素 (自变量) 对因变量的影响建模. 因此, 本节继续建立面向区间数序列的向量多元线性回归模型.

设因变量的区间序列为 $\tilde{Y} = \{\tilde{\boldsymbol{y}}(1), \tilde{\boldsymbol{y}}(2), \cdots, \tilde{\boldsymbol{y}}(n)\}$, 其中三元区间数设为三维列向量:

$$\tilde{\boldsymbol{y}}(t) = \begin{bmatrix} y_{\mathrm{L}}(t) \\ y_{\mathrm{M}}(t) \\ y_{\mathrm{U}}(t) \end{bmatrix}, \quad t = 1, 2, \cdots, n.$$

设 k 个自变量的三元区间数序列为 $\tilde{X}_i = \{\tilde{\boldsymbol{x}}_i(1), \tilde{\boldsymbol{x}}_i(2), \cdots, \tilde{\boldsymbol{x}}_i(n)\}$, $i = 1, 2, \cdots, k$, 其中, $\tilde{\boldsymbol{x}}_i(t) = \begin{bmatrix} x_{i\mathrm{L}}(t) \\ x_{i\mathrm{M}}(t) \\ x_{i\mathrm{U}}(t) \end{bmatrix}$, $t = 1, 2, \cdots, n.$

定义 12.3 具有如下结构的模型称为面向三元区间数序列的向量多元线性回归 (TIVLMR) 模型:

$$\tilde{\boldsymbol{y}}(t) = \boldsymbol{B}_0 + \boldsymbol{B}_1\tilde{\boldsymbol{x}}_1(t) + \boldsymbol{B}_2\tilde{\boldsymbol{x}}_2(t) + \cdots + \boldsymbol{B}_k\tilde{\boldsymbol{x}}_k(t) + \tilde{\boldsymbol{\varepsilon}}(t), \quad (12\text{-}6)$$

其中, $\boldsymbol{B}_0$ 为三维列向量, 记为 $\begin{bmatrix} b_{\mathrm{L}}^{(0)} \\ b_{\mathrm{M}}^{(0)} \\ b_{\mathrm{U}}^{(0)} \end{bmatrix}$, $\boldsymbol{B}_i$ 为三阶方阵, 记为 $\begin{bmatrix} b_{11}^{(i)} & b_{12}^{(i)} & b_{13}^{(i)} \\ b_{21}^{(i)} & b_{22}^{(i)} & b_{23}^{(i)} \\ b_{31}^{(i)} & b_{32}^{(i)} & b_{33}^{(i)} \end{bmatrix}$,

$i = 1, 2, \cdots, k$, $\tilde{\boldsymbol{\varepsilon}}(t)$ 为随机干扰列向量, 记为 $\begin{bmatrix} \varepsilon_{\mathrm{L}}(t) \\ \varepsilon_{\mathrm{M}}(t) \\ \varepsilon_{\mathrm{U}}(t) \end{bmatrix}$.

将式 (12-6) 展开, 则面向三元区间数序列的向量多元线性回归模型为:

$$\begin{bmatrix} y_{\mathrm{L}}(t) \\ y_{\mathrm{M}}(t) \\ y_{\mathrm{U}}(t) \end{bmatrix} = \begin{bmatrix} b_{\mathrm{L}}^{(0)} \\ b_{\mathrm{M}}^{(0)} \\ b_{\mathrm{U}}^{(0)} \end{bmatrix} + \begin{bmatrix} b_{11}^{(i)} & b_{12}^{(i)} & b_{13}^{(i)} \\ b_{21}^{(i)} & b_{22}^{(i)} & b_{23}^{(i)} \\ b_{31}^{(i)} & b_{32}^{(i)} & b_{33}^{(i)} \end{bmatrix} \begin{bmatrix} x_{1\mathrm{L}}(t) \\ x_{1\mathrm{M}}(t) \\ x_{1\mathrm{U}}(t) \end{bmatrix} + \cdots +$$

$$\begin{bmatrix} b_{11}^{(i)} & b_{12}^{(i)} & b_{13}^{(i)} \\ b_{21}^{(i)} & b_{22}^{(i)} & b_{23}^{(i)} \\ b_{31}^{(i)} & b_{32}^{(i)} & b_{33}^{(i)} \end{bmatrix} \begin{bmatrix} x_{k\mathrm{L}}(t) \\ x_{k\mathrm{M}}(t) \\ x_{k\mathrm{U}}(t) \end{bmatrix} + \begin{bmatrix} \varepsilon_{\mathrm{L}}(t) \\ \varepsilon_{\mathrm{M}}(t) \\ \varepsilon_{\mathrm{U}}(t) \end{bmatrix}.$$

由矩阵运算法则, 进一步得到下面三个方程:

$$y_{\mathrm{L}}(t) = b_{\mathrm{L}}^{(0)} + b_{11}^{(1)} x_{1\mathrm{L}}(t) + b_{12}^{(1)} x_{1\mathrm{M}}(t) + b_{13}^{(1)} x_{1\mathrm{U}}(t) + \cdots +$$

$$b_{11}^{(k)} x_{k\mathrm{L}}(t) + b_{12}^{(k)} x_{k\mathrm{M}}(t) + b_{13}^{(k)} x_{k\mathrm{U}}(t) + \varepsilon_{\mathrm{L}}(t), \tag{12-7}$$

$$y_{\mathrm{M}}(t) = b_{\mathrm{M}}^{(0)} + b_{21}^{(1)} x_{1\mathrm{L}}(t) + b_{22}^{(1)} x_{1\mathrm{M}}(t) + b_{23}^{(1)} x_{1\mathrm{U}}(t) + \cdots +$$

$$b_{21}^{(k)} x_{k\mathrm{L}}(t) + b_{22}^{(k)} x_{k\mathrm{M}}(t) + b_{23}^{(k)} x_{k\mathrm{U}}(t) + \varepsilon_{\mathrm{M}}(t), \tag{12-8}$$

$$y_{\mathrm{U}}(t) = b_{\mathrm{U}}^{(0)} + b_{31}^{(1)} x_{1\mathrm{L}}(t) + b_{32}^{(1)} x_{1\mathrm{M}}(t) + b_{33}^{(1)} x_{1\mathrm{U}}(t) + \cdots +$$

$$b_{31}^{(k)} x_{k\mathrm{L}}(t) + b_{32}^{(k)} x_{k\mathrm{M}}(t) + b_{33}^{(k)} x_{k\mathrm{U}}(t) + \varepsilon_{\mathrm{U}}(t). \tag{12-9}$$

由式 (12-7), 因变量的三元区间数的下界点不仅受到自变量的下界点 $y_{\mathrm{L}}(t)$ 的影响, 同时受到自变量的中界点、上界点的影响. 由式 (12-8) 和式 (12-9) 知, $y_{\mathrm{M}}(t)$ 和 $y_{\mathrm{U}}(t)$ 也同时受到三个界点的影响. 也就是说, 因变量的三元区间数的每个界点不仅只与自变量的相应界点有关, 而且受自变量的三元区间数的三个界点的整体影响. 所以, TIVMLR 模型和 TIVAR 模型一样, 是将三元区间数的三个界点序列联合起来对一个界点序列进行预测, 考虑了区间数的三个界点的整体性和相互影响关系.

模型的矩阵型参数可由最小二乘法进行估计. 参数估计后, 需要对模型预测效果进行检验和评价:

1. 拟合优度检验

设回归模型的拟合值为 $\hat{\boldsymbol{y}}(t) = \begin{bmatrix} \hat{y}_{\mathrm{L}}(t) \\ \hat{y}_{\mathrm{M}}(t) \\ \hat{y}_{\mathrm{U}}(t) \end{bmatrix}$. 设残差平方和为:

$$\mathrm{RSS} = \sum_{t=1}^{n} [(y_{\mathrm{L}}(t) - \hat{y}_{\mathrm{L}}(t))^2 + (y_{\mathrm{M}}(t) - \hat{y}_{\mathrm{M}}(t))^2 + (y_{\mathrm{U}}(t) - \hat{y}_{\mathrm{U}}(t))^2].$$

原始序列与其平均值之间的离差平方和为:

$$\mathrm{TSS} = \frac{1}{n} \sum_{t=1}^{n} [(y_{\mathrm{L}}(t) - \bar{y}_{\mathrm{L}})^2 + (y_{\mathrm{M}}(t) - \bar{y}_{\mathrm{M}})^2 + (y_{\mathrm{U}}(t) - \bar{y}_{\mathrm{U}})^2],$$

其中, $\bar{y}_{\mathrm{L}} = \sum_{t=1}^{n} y_{\mathrm{L}}(t), \bar{y}_{\mathrm{M}} = \frac{1}{n} \sum_{t=1}^{n} y_{\mathrm{M}}(t), \bar{y}_{\mathrm{U}} = \frac{1}{n} \sum_{t=1}^{n} y_{\mathrm{U}}(t)$. 则 TIVMLR 模型对原始序列的拟合优度定义为:

$$R^2 = 1 - \frac{\mathrm{RSS}}{\mathrm{TSS}}.$$

R^2 越接近 1, 回归模型拟合得越好.

2. 显著性检验

显著性检验旨在对模型中因变量与自变量之间的线性关系在总体上是否显著成立做出推断, 常采用 F 检验. 三元区间数序列的 F 统计量定义为:

$$F = \frac{\sum_{t=1}^{n} [(\hat{y}_{\mathrm{L}}(t) - \bar{y}_{\mathrm{L}})^2 + (\hat{y}_{\mathrm{M}}(t) - \bar{y}_{\mathrm{M}})^2 + (\hat{y}_{\mathrm{U}}(t) - \bar{y}_{\mathrm{U}})^2] \big/ k}{\sum_{t=1}^{n} [(y_{\mathrm{L}}(t) - \hat{y}_{\mathrm{L}}(t))^2 + (y_{\mathrm{M}}(t) - \hat{y}_{\mathrm{M}}(t))^2 + (y_{\mathrm{U}}(t) - \hat{y}_{\mathrm{U}}(t))^2] \big/ (n-k-1)}.$$

F 服从自由度为 $(k, n-k-1)$ 的 F 分布. 对于给定的显著性水平 α, 在 F 分布表中查出相应的临界值 $F_\alpha(k, n-k-1)$. 如果 $F > F_\alpha(k, n-k-1)$, 则认为回归方程显著成立; 如果 $F < F_\alpha(k, n-k-1)$, 则认为回归方程无显著意义.

下面类似给出面向二元区间数序列的向量多元线性回归模型. 设因变量 (被解

释变量) 的区间序列为:

$$\tilde{Y} = \{\tilde{\boldsymbol{y}}(1), \ \tilde{\boldsymbol{y}}(2), \ \cdots, \ \tilde{\boldsymbol{y}}(n)\},$$

其中二元区间数被看作二维列向量 $\tilde{\boldsymbol{y}}(t) = [y_{\mathrm{L}}(t) \ \ y_{\mathrm{U}}(t)]^{\mathrm{T}}$, $t = 1, \ 2, \ \cdots, \ n$. 设 k 个自变量 (解释变量) 的区间序列为 $\tilde{X}_i = \{\tilde{\boldsymbol{x}}_i(1), \ \tilde{\boldsymbol{x}}_i(2), \ \cdots, \ \tilde{\boldsymbol{x}}_i(n)\}$, $i = 1, \ 2, \ \cdots, \ k$, 其中二元区间数看作二维列向量 $\tilde{\boldsymbol{x}}_i(t) = [x_{i\mathrm{L}}(t) \ \ x_{i\mathrm{U}}(t)]^{\mathrm{T}}$, $t = 1, \ 2, \ \cdots, \ n$.

定义 12.4 具有如下结构的模型称为面向二元区间数序列的向量多元线性回归 (BIVMLR) 模型:

$$\tilde{\boldsymbol{y}}(t) = \boldsymbol{B}_0 + \boldsymbol{B}_1 \tilde{x}_1(t) + \boldsymbol{B}_2 \tilde{x}_2(t) + \cdots + \boldsymbol{B}_k \tilde{x}_k(t) + \tilde{\boldsymbol{\varepsilon}}(t), \tag{12-10}$$

其中, $\boldsymbol{B}_0$ 为二维列向量, 记为 $\begin{bmatrix} b_{\mathrm{L}}^{(0)} \\ b_{\mathrm{U}}^{(0)} \end{bmatrix}$, $\boldsymbol{B}_i$ 为二阶方阵, 记为 $\begin{bmatrix} b_{11}^{(i)} & b_{12}^{(i)} \\ b_{21}^{(i)} & b_{22}^{(i)} \end{bmatrix}$, $i = 1, \ 2, \ \cdots, \ k$, $\tilde{\boldsymbol{\varepsilon}}(t)$ 为随机干扰列向量, 记为 $\begin{bmatrix} \varepsilon_{\mathrm{L}}(t) \\ \varepsilon_{\mathrm{U}}(t) \end{bmatrix}$.

12.3　联 合 模 型

定义 12.5 具有如下结构的模型称为面向二元区间数序列的向量自回归和多元线性回归 (IVAR-MLR) 模型:

$$\tilde{\boldsymbol{y}}(t) = \boldsymbol{A}_0 + \boldsymbol{A}_1 \tilde{\boldsymbol{y}}(t-1) + \boldsymbol{A}_2 \tilde{\boldsymbol{y}}(t-2) + \cdots + \boldsymbol{A}_p \tilde{\boldsymbol{y}}(t-p) + \boldsymbol{B}_1 \tilde{\boldsymbol{x}}_1(t) + \cdots + \boldsymbol{B}_k \tilde{\boldsymbol{x}}_k(t) + \tilde{\boldsymbol{\varepsilon}}(t),$$

其中 p 为最大滞后阶数, $\tilde{\boldsymbol{y}}(t) = \begin{bmatrix} y_{\mathrm{L}}(t) \\ y_{\mathrm{M}}(t) \\ y_{\mathrm{U}}(t) \end{bmatrix}$, $\tilde{\boldsymbol{x}}_j(t) = \begin{bmatrix} x_{j\mathrm{L}}(t) \\ x_{j\mathrm{M}}(t) \\ x_{j\mathrm{U}}(t) \end{bmatrix}$, $\boldsymbol{A}_0 = \begin{bmatrix} a_{\mathrm{L}}^{(0)} \\ a_{\mathrm{M}}^{(0)} \\ a_{\mathrm{U}}^{(0)} \end{bmatrix}$,

$\boldsymbol{B}_j = \begin{bmatrix} b_{11}^{(j)} & b_{12}^{(j)} & b_{13}^{(j)} \\ b_{21}^{(j)} & b_{22}^{(j)} & b_{23}^{(j)} \\ b_{31}^{(j)} & b_{32}^{(j)} & b_{33}^{(j)} \end{bmatrix}$, $i = 0, \ 1, \ 2, \ \cdots, \ p, j = 1, \ 2, \ \cdots, \ k, \tilde{\boldsymbol{\varepsilon}}(t)$ 为随机干扰列

向量, 记为 $\begin{bmatrix} \varepsilon_L(t) \\ \varepsilon_M(t) \\ \varepsilon_U(t) \end{bmatrix}$.

TIVAR-MLR 模型的最大滞后阶数 p 的确定方法与定义12.1 中的 TIVAR 模型的确定方法相同. 向量自回归模型基于因变量的内因做预测, 向量多元线性回归模型基于因变量的外因做预测, 给出向量自回归和向量多元线性回归联合模型, 结合内、外因素对三元区间数序列进行预测.

12.4　浙江省工业用电量的区间预测

1. 模型的建立

能源作为经济生产力的必需品, 在工业发展和生产中发挥着至关重要的作用. 浙江省是我国经济发展较快的省份之一, 下面对其能源消费进行预测. 扩展的柯布-道格拉斯生产函数[77]表明, 在技术水平不变的条件下, 工业生产规模的能耗随生产规模的变化而变化. 因此, 假设技术发展水平在短期内保持不变, 生产规模被认为是影响短期能耗的主要因素. 本节以工业用电量 (IEC) 作为工业能耗, 以工业增加值 (IAV) 代表工业生产的规模, 即以工业用电量为预测变量, 以工业增加值为关联变量建立模型.

浙江省统计局网站 (http://www.zj.stats.gov.cn) 给出了浙江省 2010－2018 年工业用电量和工业增加值的月度数据. 以季度为时间单位, 每个季度的月度数据的最小值、平均值和最大值分别作为三元区间数的下界点、中界点、上界点, 工业用电量的原始区间曲线见图 12-1, 工业增加值的原始区间曲线见图12-2. 从图 12-1 和图 12-2 可以看出, 工业用电量和工业增加值的总体发展趋势相近. 因为每年的第一季度包含春节, 这个时期各个工厂、企业停业, 所以这个季度的工业用电量和工业增加值的下界会比其他季度显著下降.

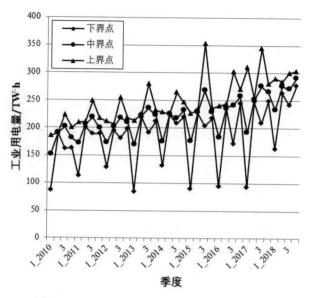

图 12-1 工业用电量的原始区间数序列曲线

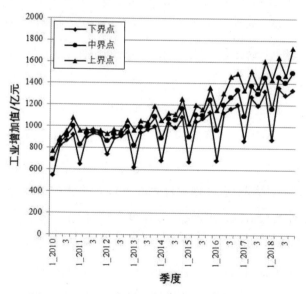

图 12-2 工业增加值的原始区间数序列曲线

工业用电量和工业增加值的不同之处主要是在不同的季度达到最大值. 工业用电量在每年第三季度的上界点达到最大值, 因为这个季度气温最高. 而工业增加值则是在每年第四季度的上界点达到最大值, 说明第四季度是产品生产和销售旺季.

下面首先对浙江省工业用电量建立 TIVAR 模型. 最大滞后阶数为 $p=4$, 所以从 2011 年第一季度开始拟合. TIVAR 模型对工业用电量的拟合曲线见图 12-3. 接着以工业用电量为预测变量, 以工业增加值为关联变量建立 TIVMLR 模型. TIVMLR 模型对工业用电量的拟合曲线见图 12-4.

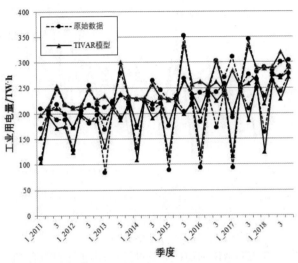

图 12-3　TIVAR 模型对工业用电量的拟合曲线

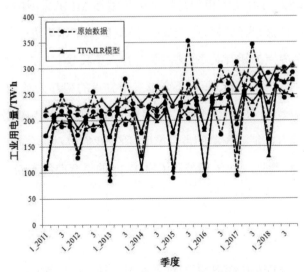

图 12-4　TIVMLR 模型对工业用电量的拟合曲线

下面建立 TIVAR-MLR 模型. 联合模型的最大滞后阶数与 TIVAR 模型相同. TIVAR-MLR 模型对工业用电量的拟合曲线见图 12-5. TIVAR 模型、TIVMLR 模型与 TIVAR-MLR 模型的误差见表 12-1.

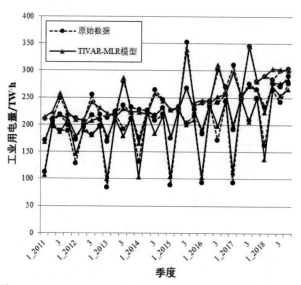

图 12-5 TIVAR-MLR 模型对工业用电量的拟合曲线

TIVAR 模型和 TIVMLR 模型是将 AR 模型和 MLR 模型的参数改为矩阵后对区间序列建模. 前面已经分析过, TIVAR 模型和 TIVMLR 模型考虑了三元区间数上、中、下三个界点的相互关系, 比对每个界点单独建立 AR 模型和 MLR 模型具有更好的协调性. 为了比较, 下面不考虑三个界点的相互关系, 对每个界点序列分别建立自回归移动平均 (ARIMA) 模型和多元线性回归 (MLR) 模型. 另外, 灰色模型 (GM) 也是已有的能源预测的常用模型, 所以我们也对每个界点序列分别建立 GM(1, 1). ARIMA 模型、MLR 模型和 GM(1, 1) 的拟合曲线和误差分别见图 12-6 和表 12-1.

2. 结果分析

在表 12-1 中, TIVAR-MLR 模型对工业用电量的各个界点序列的预测结果的平均绝对百分比误差比其他模型都小, 拟合优度达到 0.95, 接近 1, 显著高于其他模型. 从图 12-5 中也可以看出, TIVAR-MLR 模型对工业用电量的拟合效果非常好.

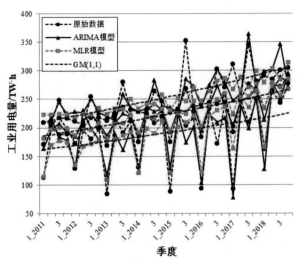

图 12-6 ARIMA 模型、MLR 模型和 GM(1,1) 对工业用电量的拟合曲线

表 12-1 各个模型对工业用电量的预测结果比较

MAPE	TIVAR-MLR 模型	TIVAR 模型	TIVMLR 模型	ARIMA 模型	MLR 模型	GM(1,1)
下界点	6.28%	10.20%	9.18%	10.98%	12.12%	26.49%
中界点	2.10%	3.61%	3.61%	5.53%	5.19%	8.86%
上界点	2.44%	3.98%	8.72%	6.05%	8.51%	7.53%
所有界点	3.61%	5.93%	7.17%	7.52%	8.60%	14.30%
拟合优度	0.95	0.88	0.77	0.75	0.68	0.33

不管是每年第一季度用电量的显著下降还是第三季度用电量的显著上升, 其拟合效果都比其他模型好.

下面对各个界点序列单独建立 ARIMA 模型. 比较 ARIMA 模型的拟合结果和 TIVAR 模型的拟合结果可知, TIVAR 模型对各个界点序列的拟合序列的平均绝对百分比误差都比 ARIMA 模型小. 比较对各个界点序列单独建模的 MLR 模型与 TIVMLR 模型可知, TIVMLR 模型对各个界点序列的拟合序列的平均绝对百分比误差都比 MLR 模型小, 说明在 TIVAR 模型和 TIVMLR 模型中考虑三元区间数的三个界点之间的相互关系而将三个界点序列联合起来对一个界点序列进行预测是有效的.

由图 12-3 可以看出, TIVAR 模型的拟合曲线呈现出原始曲线的季节波动趋势. TIVAR 模型对第三季度的用电高峰拟合很好. TIVAR 模型对于第一季度的拟合值虽然小于其他季度, 但是精度没有 TIVMLR 模型和 TIVAR-MLR 模型高.

TIVMLR 模型只考虑了工业增加值对工业用电量的影响, 所以 TIVMLR 模型对工业用电量的拟合情况主要受到工业增加值的影响. 如图 12-4 所示, TIVMLR 模型对每年第三季度的工业用电量高峰期的拟合没有达到最大值, 而在每年第四季度的上界点达到全年最大值, 这是因为工业增加值是在每年的第四季度达到最大值的. TIVAR 模型和 TIVAR-MLR 模型对每年第三季度用电量上升的拟合效果则比 TIVMLR 模型好, 这是因为它们考虑了工业用电量本身的季度波动规律. TIVMLR 模型对用电量在第一季度下降的拟合效果则比较好, 这是因为工业增加值在每年第一季度也是达到全年最小值. 从表 12-1 来看也是如此, TIVAR 模型的上界点平均绝对百分比误差 (3.98%) 比 TIVMLR 模型的 (8.72%) 好, 而 TIVMLR 模型的下界点平均绝对百分比误差 (9.18%) 比 TIVAR 模型的 (10.20%) 好.

由图 12-6 和表 12-1 可以看出, 在对区间数各个界点序列单独建立的三个模型中, ARIMA 模型的拟合效果是最好的. MLR 模型只大致反映了工业用电量的季节波动, 但效果没有 ARIMA 模型以及本节模型好. 而 GM(1, 1) 的拟合曲线趋势与 Hodrick Prescott 滤波器相似, 只能反映工业用电量的整体上升趋势, 不能反映工业用电量的季节波动.

12.5 全国用电量的区间预测

1. 模型的建立

中国电力企业联合会官网给出了 2010−2018 年全国用电量 (NEC) 的月度数据, 其中, 缺少 12 月的数据. 我们以每个季度的最小值、平均值、最大值分别作为三元区间数的下界点、中界点、上界点. 由于缺少 12 月的数据, 令 12 月的值等于 10 月和 11 月的平均值.

全国用电量的影响因素采用国内生产总值 (GDP), 但是我们只获得了从 2010 年 1 月到 2017 年 3 月的 GDP 的月度数据 (数据来源于网站: www.yihuodata. com), 则 GDP 的原始区间序列只能从 2010 年第一季度到 2017 年第一季度. 所以, 我们基于全国用电量和 GDP 的 2010 年第一季度到 2017 年第一季度的原始区间数序列建立模型, 预测全国用电量从 2017 年第二季度到 2018 年第四季度的三元区间数, 其中 GDP 在2017 年第一季度以后的区间数采用 TIVAR 模型进行预测.

全国用电量 2010−2018 年原始区间数序列曲线见图12-7, GDP 从 2010−2017 年第一季度的原始曲线见图 12-8. 从图 12-7 和图 12-8 可以看出, NEC 和 GDP 总体发展趋势相近. 由图 12-7 和图 12-8 的对比还可以看出, NEC 和 GDP 都是在第一季度达到最小值, 这是受春节休假的影响. 用电量在每年的第三季度达到高峰, 而 GDP 则是在每年第四季度达到高峰. 这与前面的工业用电量和工业增加值的情况类似.

首先对全国用电量建立 TIVAR 模型. 最大滞后阶数确定为 $p=4$, 所以从 2011 年第一季度开始拟合. TIVAR 模型对全国用电量的拟合曲线见图12-9. TIVMLR 模型对全国用电量的拟合曲线见图 12-10.

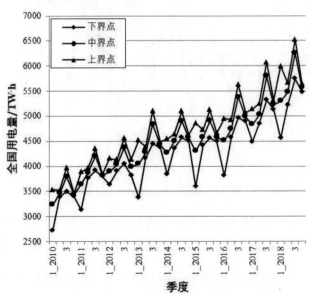

图 12-7　全国用电量的原始区间数序列曲线

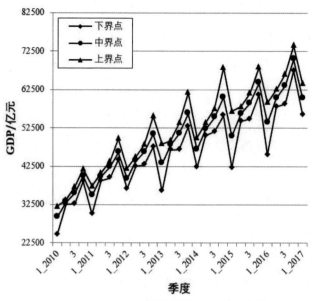

图 12-8 GDP的原始区间数序列曲线

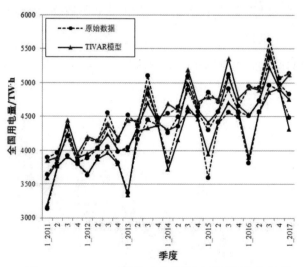

图 12-9 TIVAR模型对全国用电量的拟合曲线

TIVAR-MLR 模型对全国用电量的拟合曲线见图 12-11. 各模型的误差和拟合优度对比见表 12-2. 和前面一样, 为了进行比较, 不考虑对全国用电量的三元区间数的下界点、中界点、上界点之间的相互关系, 对各个界点序列分别建立 ARIMA模型、MLR 模型和 GM(1, 1), 其拟合曲线和误差分别见图 12-12和表 12-2.

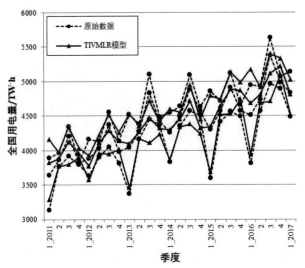

图 12-10　TIVMLR模型对全国用电量的拟合曲线

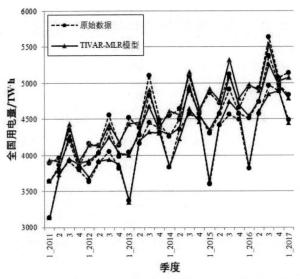

图 12-11　TIVAR-MLR模型对全国用电量的拟合曲线

2. 结果分析

对 2017 年第一季度以后的全国用电量进行预测, 因为没有获得 GDP 在 2017 年 3 月以后的月度数据, 所以首先我们采用 TIVAR 模型对 GDP 从 2017 年第二季度到第四季度进行预测. 表 12-3 给出了各模型对全国用电量从 2017 年第二季度到第四季度的区间预测. 在表 12-3 中, 我们对季度做了排序, 把 2017 年第二季度

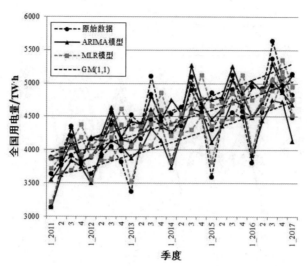

图 12-12 ARIMA模型、MLR模型和GM(1, 1)对全国用电量的拟合曲线

表 12-2 各个模型对全国用电量的拟合结果比较

MAPE	TIVAR-MLR 模型	TIVAR 模型	TIVMLR 模型	ARIMA 模型	MLR 模型	GM(1, 1)
下界点	1.37%	1.88%	2.19%	4.03%	3.77%	6.52%
中界点	1.38%	1.51%	2.74%	2.23%	3.59%	4.04%
上界点	1.53%	1.80%	2.77%	2.12%	5.61%	3.78%
所有界点	1.43%	1.73%	2.81%	2.79%	4.32%	4.78%
拟合优度	0.97	0.95	0.87	0.87	0.70	0.64

记为 No.1, 以此类推. 从表 12-3 中可以看出, 联合模型的 MAPE 略小于其他模型, 预测效果较好.

由图 12-11 和表 12-2 可以看出, 各个模型对全国用电量从 2011 年第一季度到 2017 年第一季度的拟合结果中, TIVAR-MLR 模型的拟合效果数是最好的, 对区间的所有界点的平均绝对百分比误差只有 1.43%, 而且拟合优度达到 0.97, 接近1.

由 TIVAR 模型和 ARIMA 模型的比较可得, TIVAR 模型的拟合效果比 ARIMA 模型好. 由 TIVMLR 模型和 MLR 模型的比较也可得, TIVMLR 模型的拟合效果比 MLR 模型好, 尤其在第三季度的用电高峰期, 明显可以看出 TIVMLR 模型的效

表 12-3　各个模型对全国用电量的预测结果比较

单位:TW·h

No.	界点	原始数据	TIVAR-MLR 模型	TIVAR 模型	TIVMLR 模型	ARIMA 模型	MLR 模型
1	下	4847.00	4497.83	4684.57	4839.61	4648.33	4783.14
	中	5019.67	4772.97	4829.85	4962.85	4846.04	4914.33
	上	5244.00	5038.94	4984.97	5075.49	5009.52	5019.78
2	下	5317.00	5026.04	4863.06	4834.67	5018.65	4775.77
	中	5793.33	5295.03	5306.05	5291.16	5429.46	5027.67
	上	6072.00	5482.31	5600.18	5602.54	5693.34	5134.32
3	下	5130.00	4991.71	5000.84	5409.15	5023.46	5263.09
	中	5220.00	5098.61	5170.30	5547.78	5293.32	5315.05
	上	5310.00	5229.08	5352.18	5664.17	5470.87	5321.44
MAPE			5.48%	5.73%	5.99%	6.67%	7.36%

果好于 MLR 模型. MLR 模型和 TIVMLR 模型都是考虑了 GDP 对用电量的影响. 用电量在第三季度达到最大值, 但是 GDP 是在第四季度达到最大值, 这个不同会影响这两个模型在这两个季度对用电量的拟合效果.

由图 12-12 可以看出, 这个情况在 MLR 模型中表现得很明显. 因为 MLR 模型是对各界点序列单独建模, 所以受 GDP 的影响更显著, 导致 MLR 模型对用电量的拟合结果都是在每年第四季度达到最大值. 而 TIVMLR 模型因为是三个界点序列联合对一个界点序列进行预测, 所以受 GDP 第四季度最大值的单独影响比 MLR 模型小. TIVMLR 模型对全国用电量在第三季度和第四季度的拟合效果明显好于 MLR模型, 这与前面 TIVMLR 模型和 MLR 模型对工业用电量的预测结果比较一样. 所以, 从 TIVAR 模型与 ARIMA 模型、TIVMLR 模型与 MLR 模型的比较可以得出, 将三元区间数的三个界点联合起来对一个界点进行预测是有效的.

ARIMA 模型、MLR 模型和 GM(1, 1) 是对各界点序列单独建模的三个模型, 从表 12-2 中可以看出, ARIMA 模型的总体误差是这三个模型中最小的. 但是从图 12-

12 可以看出, ARIMA 模型对每年第一季度的最低点的拟合效果不佳. 而 GM(1,1) 的拟合曲线只表现了全国用电量呈现整体上升趋势, 没有表现出季节波动情况, 这与前面对工业用电量的拟合情况类似.

用电量的季节波动增加了预测的难度. 特别是由于春节, 每年第一季度的用电量会显著下降, 而由于高温, 第三季度的用电量会显著上升, 在这两个极值处的预测难度最大. 本章给出的三种向量模型, 特别是 TIVAR-MLR 模型在极值方面表现出很好的拟合效果.

对全国用电量和浙江省的工业用电量的预测表明, 与对每个界点序列单独预测的 ARIMA 模型和 MLR 模型相比, TIVAR 模型的预测效果好于 ARIMA 模型, TIVMLR 模型的预测效果比 MLR 模型好. 所以, 本章模型比对一个界点序列单独预测的模型具有更好的协调性. TIVAR-MLR 模型同时考虑了用电量的内因和外因, 其预测效果比 TIVAR 模型和 TIVMLR 模型都好.

参 考 文 献

[1] 胡启洲. 区间数理论的研究及其应用[M]. 北京: 科学出版社, 2010.

[2] MONTGOMERY D C, JOHNSON L A. Forecasting time series analysis [M]. New York: McGraw Hill, 1976.

[3] CHATFIELD C. Calculating interval forecasts [J]. Journal of business economic statistics, 1993, 11(2): 121-144.

[4] CHRISTOFFERSEN P F. Evaluating interval forecasts [J]. International economic review, 1998, 39(4): 841-862.

[5] BOX G E P, JENKINS G M, REINSEL C. Time series analysis: forecasting and control [M]. Englewood Cliffs: Prentice Hall, 1994.

[6] YAR M, CHATFIELD C. Prediction intervals for the Holt-Winters forecasting procedure [J]. International journal of forecasting, 1990, 6(1): 127-137.

[7] CHATFIELD C, YAR M. Prediction intervals for multiplicative Holt-Winters [J]. International journal of forecasting, 1991, 7(1): 31-37.

[8] CHATFIELD C. Prediction intervals for time series forecasting [J]. Principles of forecasting: a handbook for researcher and practitioners, 2001, 6: 475-494.

[9] DE GOOIJER J, HYNDMAN R J. 25 years of time series forecasting [J]. International journal of forecasting, 2006, 22(3): 443-473.

[10] MAKRIDAKIS S, WHEELWRIGHT S C, HYNDMAN R J. Forecasting: methods and applications [M]. New York: John Wiley Sons, 1998.

[11] EFRON B, TIBSHIRANI R J. An introduction to the bootstrap [M]. New York: Chapman Hall, 1993.

[12] THOMBS L A, SCHUCANY W R. Bootstrap prediction intervals for autoregression [J]. Journal of American statistical association, 1990, 85(410): 486-492.

[13] PASCUAL L, ROMO J, RUIZ E. Bootstrap predictive inference for ARMA process [J]. Journal of time series analysis, 2004, 25(4): 449-465.

[14] MEADE N, ISLAM T. Prediction intervals for growth curve forecasts [J]. International journal of forecasting, 1995, 14(5): 413-430.

[15] CLEMENTS M P, TAYLOR N. Bootstrapping prediction intervals for autoregressive models [J]. International journal of forecasting, 2001, 17(2): 247-267.

[16] KILIAN L. Small sample confidence intervals for impulse response functions [J]. The review of economics and statistics, 1998, 80(2): 218-230.

[17] KIM J H. Bootstrap prediction intervals for autoregression using asymptotically mean-unbiased estimators [J]. International journal of forecasting, 2004, 20(1): 85-97.

[18] KIM J H, MOOSA I A. Forecasting international tourist flows to Australia: a comparison between the direct and indirect methods [J]. Tourism management, 2005, 26(1): 69-78.

[19] OLIVE D J. Prediction intervals for regression models [J]. Computational statistics data analysis，2007, 51(6): 3115-3122.

[20] DEMETRESCU M. Optimal forcast intervals under asymmetric loss [J]. International journal of forecasting, 2007, 26(4): 227-238.

[21] XU Z, WAN C. The key technology for grid integration of wind power: direct probabilistic interval forecasts of wind power [J]. Southern power system technology, 2013, 7(5): 1-8.

[22] 李知艺, 丁剑鹰, 吴迪, 等. 电力负荷区间预测的集成极限学习机方法[J]. 华北电力大学学报, 2014, 41(2): 78-87.

[23] XIONG T. A combination method for interval forecasting of agricultural commodity futures prices [J]. Knowledge-based systems, 2015, 77: 92-102.

[24] TAYLOR J W, BUNN D W. A quantile regression approach to generating prediction intervals [J]. Management science, 1999, 45(2): 225-237.

[25] KOENKER R W, BASSETT G W. Regression quantiles [J]. Econometrica, 1978, 46(1): 33-50.

[26] HYNDMAN R J, KOEHLER A B, ORD J K, et al. Forecasting with exponential smoothing: the state space approach [M]. Berlin: Springer-Verlag, 2008.

[27] MAIA A L S, DE CARVALHO F, LUDERMIR T B. Forecasting models for interval-valued time series [J]. Neurocomputing, 2008, 71(16-18): 3344-3352.

[28] MAIA A L S, DE CARVALHO F. Holt's exponential smoothing and neural network models for forecasting interval-valued time series [J]. International journal of forecasting, 2011, 27: 740-759.

[29] PELLEGRINI S, RUIZ E, ESPASA A. Prediction intervals in conditionally heteroscedastic time series with stochastic components [J]. International journal of forecasting, 2011, 27(2): 308-319.

[30] XIONG T, BAO Y K, HU Z, et al. Forecasting interval time series using a fully complex-valued RBF neural network with DPSO and PSO algorithms [J]. Information sciences, 2015, 305: 77-92.

[31] 徐惠莉, 吴柏林, 江韶珊. 区间时间序列预测准确度探讨[J]. 数量经济技术经济研究, 2008, 25(1): 133-140.

[32] 张进, 苗强, 陈华友, 等. 最大误差绝对值达到最小的区间组合预测模型[J]. 合肥学院学报, 2009, 19(4): 31-34.

[33] DENG J L. Control problems of grey system [J]. System control letter, 1982, 1(5): 288-294.

[34] 邓聚龙. 灰色系统理论的GM模型[J]. 模糊数学, 1985(2): 23-32.

[35] DENG J L. Introduction to grey system theory [J]. The journal of grey system, 1989(1): 1-24.

[36] 邓聚龙. 灰理论基础[M]. 武汉: 华中科技大学出版社, 2002.

[37] 邓聚龙. 灰预测与灰决策[M]修订版. 武汉: 华中科技大学出版社, 2002.

[38] YANG Y, LIU S F. Kernels of grey numbers and their operations [C]. IEEE International Conference on Fuzzy Systems, 2008: 826-831.

[39] ZENG B, LIU S F. Calculation for kernel of interval grey number based on barycenter approach [J]. Transaction of Nanjing University of Aeronautics and Astronautics, 2013, 30(2): 216-220.

[40] ZENG B, LI C, LONG X J. A novel interval grey number prediction model given kernel and grey number band [J]. The journal of grey system, 2014, 26(3): 69-84.

[41] ZENG B, LIU S F, XIE N M. Prediction model of interval grey number based on DGM(1,1) [J]. Journal of system engineering and electronics, 2010, 21(4): 598-603.

[42] 曾波, 刘思峰. 基于灰数带及灰数层的区间灰数预测模型[J]. 控制与决策, 2010, 25(10): 1585-1588.

[43] 曾波, 刘思峰, 孟伟. 基于核和面积的离散灰数预测模型[J]. 控制与决策, 2011, 26(9): 1421-1424.

[44] 曾波, 刘思峰. 一种基于区间灰数几何特征的灰数预测模型[J]. 系统工程学报, 2011, 26(2): 174-180.

[45] 曾波, 刘思峰, 崔杰. 白化权函数已知的区间灰数预测模型[J]. 控制与决策, 2010, 25(12): 1815-1820.

[46] 曾波. 基于核和灰度的区间灰数预测模型[J]. 系统工程与电子技术, 2011, 33(4): 821-824.

[47] 袁潮清, 刘思峰, 张可. 基于发展趋势和认知程度的区间灰数预测[J]. 控制与决策, 2011, 26(2): 313-319.

[48] 孟伟, 刘思峰, 曾波. 区间灰数的标准化及其预测模型的构建与应用[J]. 控制与决策, 2012, 27(5): 773-776.

[49] 吴利丰, 刘思峰, 闫书丽. 区间灰数序列的灰色预测模型构建方法[J]. 控制与决策, 2013, 28(12): 1912-1914.

[50] 刘解放, 刘思峰, 方志耕. 基于核与灰半径的连续区间灰数预测模型[J]. 系统工程, 2013, 31(2): 61-64.

[51] ZENG B, CHEN G, LIU S F. A novel interval grey prediction model considering uncertain information [J]. Journal of the Franklin Institute, 2013, 350(10): 3400-3416.

[52] YANG Y, XUE D Y. An actual load forecasting methodology by interval grey modeling based on the fractional calculus [J]. ISA transaction, 2018, 82: 200-209.

[53] ZENG X Y, SHU L, HUANG G M. Fluctuating interval number series forecasting based on GM(1,1) and SVM [J]. The journal of grey system, 2016, 28(3): 1-14.

[54] XIONG T, LI C G, BAO Y K. Interval-valued time series forecasting using a novel hybrid HoltI and MSVR model [J]. Economic modelling, 2017, 60: 11-23.

[55] 赖丽洁, 曾祥艳. 基于ARIMA与数据累加生成的区间时间序列混合预测模型[J]. 桂林电子科技大学学报. 2017, 37(1): 79-86.

[56] ZENG X Y, SHU L, HUANG G M, et al. Triangular fuzzy series forecasting based on grey model and neural network [J]. Appllied mathematical modelling, 2016, 40(3): 1717-1727.

[57] ZENG X Y, SHU L, YAN S L, et al. A novel multivariate grey model for forecasting the sequence of ternary interval numbers [J]. Appllied mathematical modelling, 2019, 69: 273-286.

[58] 郑照宁, 武玉英. GM模型的病态性问题[J]. 中国管理科学, 2001, 9(5): 38-44.

[59] 曹定爱, 张顺明. 累积法引论[M]. 北京: 科学出版社, 1999, 55-102.

[60] ZENG X Y, XIAO X P. A research on morbidity problem in accumulating method GM(1,1) model [C]. IEEE ICMLC 2005, 2005: 2650-2655.

[61] TSAUR R C. The development of an interval grey regression model for limited time series forecasting [J]. Expert system with application, 2010, 37(2): 1200-1206.

[62] 刘齐林, 曾玲, 曾祥艳. 基于支持向量机的区间模糊数时间序列预测[J]. 数学的实践与认识, 2015, 45(12): 205-212.

[63] CRISTIANINI N, TAYLOR J S. 支持向量机导论[M]. 李国正, 王猛, 曾华军, 译. 北京: 电子工业出版社, 2004.

[64] ANCONA N, CICIRELLI G, DISTANTE A. Complexity reduction and parameter selection in support vector machines [C]. Proceedings of the 2002 International Joint Conference on Neural Networks. Honolulu, 2002: 2375-2380.

[65] JORDAAN E M, SMITS G F. Estimation of the regularization parameter for support vector regression [C]. Proceedings of the 2002 International Joint Conference on Neural Networks. Honolulu, 2002: 2192-2197.

[66] 全勇. 支持向量机算法的若干问题研究[D]. 上海: 上海交通大学, 2003.

[67] ITO K, NAKANO R. Optimizing support vector regression hyperparameters based on cross-validation [C]. Proceedings of the International Joint Conference on Neural Networks. Portland, 2003: 2077-2082.

[68] WAHBA G, LIN Y, ZHANG H. Margin-like quantities and generalized approximate cross validation for support vector machines [C]. Proceedings of the 1999 IEEE Signal Processing Society Workshop on Neural Networks for Signal Processing IX. New York, 1999: 12-20.

[69] 熊伟丽, 徐保国. 基于PSO的SVR参数优化选择方法研究[J]. 系统仿真学报, 2006, 18(9): 2442-2445.

[70] 邵信光, 杨慧中, 陈刚. 基于粒子群优化算法的支持向量机参数选择及其应用[J]. 控制理论与应用, 2006, 23(5): 740-744.

[71] 吴明圣. 径向基神经网络和支持向量机的参数优化方法研究及应用[D]. 长沙: 中南大学, 2007.

[72] 方志耕, 刘思峰. 基于区间灰数列的 GM(1,1) 模型(GMBIGN(1,1)) 研究[J]. 中国管理科学, 2004(z1): 130-134.

[73] 刘思峰, 党耀国, 方志耕. 灰色系统理论及其应用[M]. 北京: 科学出版社, 2004.

[74] 熊萍萍, 张悦, 姚天祥, 等. 基于区间灰数序列的多变量灰色预测模型[J]. 数学的实践与认识, 2018(9): 181-188.

[75] ZENG X Y, SHU L, JIANG J. Fuzzy time series forecasting based on grey model and Markov chain [J]. IAENG international journal of appllied mathematics, 2016, 46(4): 464-472.

[76] ZENG B, SHI J J, ZHOU X Y. Research on parameter optimization of interval grey prediction model based on cramer rule [J]. Statistics & information forum. 2015, 30(8): 9-15.

[77] ZHU N, ZHANG M J. The stochastic dynamic Cobb-Douglas production function with the input of energy [J]. Journal of quantitative economics, 2011, 28(3): 28-32.